モジュライ理論 I

モジュライ理論 I

向井 茂

岩波書店

まえがき

モジュライとは幾何学的な対象をパラメータ付けている多様体のことである. 楕円曲線の同型類を判定する j 不変量や曲線の Jacobi 多様体が典型例であるが, 広い意味においては Lie 群の分類空間のようなものも古典的な例に含めることができるだろう. モジュライ概念は現代数学の中で発展を続け, その活躍の場は広がっている. 例えば,

- 主偏極 Abel 多様体のモジュライ空間によい高さ関数を定義することによって Abel 多様体の有限性に関する Shafarevich 予想が解かれた (G. Faltings, 1983).
- 絶対 Galois 群の 2 次元線型表現の Mazur 型のモジュライ空間は Hecke 環(のスペクトル)である(Wiles, Taylor–Wiles, 1995).

これらの結果より, Mordell 予想や Fermat 予想という整数論の難問が解決されたことは記憶に新しい. 幾何学に目を転じると次の結果がある.

- インスタントンという特別な接続のモジュライ空間の上の交点数として定義される Donaldson 不変量によって, 二つの同相な 4 次元多様体が微分同相でないことが判定できる.

これはその後のこの方面の研究のプロトタイプ(祖型)となった.

自然光はプリズムを通すことによっていくつかの色に分解するが, そのように多様体の隠れた性質を解明したい. Jacobi 多様体やインスタントンのような相対モジュライに期待される高貴な役割はこのようなものであろう.

本書はこのような果実や夢が現われる前から, 代数幾何学の枠組の中で基礎付けられ育まれ続けてきたモジュライ概念を具体例とともに解説することを目的とする. 特に, もっとも直接的で大域的なモジュライ構成の方法である幾何学的不変式論を紹介したい.

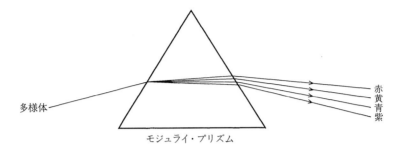

 代数幾何学におけるモジュライ問題は多くの場合,適当な代数多様体[*1]の一般線型群 $GL(m)$ の作用による商の問題に帰着される.これを解決しようとするとどうしても「代数多様体とは何か?」そして,「そこで商をとるとはどういうことか?」という基本に遡っていかざるをえない.その意味で商代数多様体の問題は代数幾何学の誕生・発展とともにあり,現在も最良の形を求めて揺れている.これは上の諸結果に見られるように,モジュライ問題は決してそれ自身が目的ではなく,それを使って数理の深みを探る手段であることからの必然であろう.目指す問題に応じて荒作りで充分なときもあり,また細心の注意を要することもある.射影的な代数多様体になってくれないと困るときもあるし,また,代数空間やスタックで充分な問題もある.

 さて,本書は筆者が昭和60年に名古屋大学で大学院生対象に [H93] と [M65] をもとに講義したときのノート(早川貴之君による)に,執筆に際して次の追加・変更を行なったものである.

 (1) 学部学生も読めるように環論と代数多様体の章を設けた.しかし,基定理,零点定理,有限生成性定理という Hilbert の初期の一連の結果を一箇所にまとめておきたいと考えたのも大きな理由である.

 (2) Hilbert の使っている Cayley の Ω-プロセスは具体的であり,予備知識も少なくて済むが,代数群の表現の重要性に鑑みて,Casimir 作用

[*1] モジュライの観点からは部分多様体をパラメータ付けている Hilbert スキームや生成元の指定された層をパラメータ付けている Quot スキーム.群作用から見ると有限次元線型表現をアフィン多様体とみなしたものかその部分代数多様体.

素による線型(または完全)簡約性の証明に置き換えた．
(3) Cayley–Sylvesterの公式を追加し，2変数古典不変式環のPoincaré級数を具体的に計算した．これは伝統と計算の重要性を信ずる故のことであるが，直接的には§4.5とともに[Sp77]の影響である．

項目(2)と(3)に関してはこの冬に英国Warwick大学で行なった連続講義が大変役立った．
(4) 講義ではできなかったベクトル束のモジュライ構成への応用を追加した．
(5) 多項式環に代数群が線型に作用していても不変式環は有限生成でないこともあるというNagata [N58], [N59]の結果を加えた．
(6) 第1章のいくつかの入門的話題はこの春の名古屋大学での講義と神戸大学での集中講義から転用した．

諸講義中は出席者より有益な助言をいただいたことをこの場を借りて感謝する．

1998年8月

向 井 　 茂

追記

本書は，岩波講座『現代数学の展開』の「モジュライ理論1, 2」を単行本化して『モジュライ理論I, II』としたものです．単行本化にあたって気付いた誤植を修正しましたが，次の方々からいただいていたコメントや指摘が大いに役立ちました．小木曽啓示，趙康治，西山享，橋本光靖，藤原一宏，松下大介，森脇淳，柳川浩二，W. Oxbury. また，大阪大学，東京工業大学，広島大学，京都大学等で本書の内容を集中講義しましたが，出席者からも多くの有益なコメントをいただきました．これらの方々にこの場を借りて感謝の意を表したいと思います．

最後に，執筆中の支援を受けた文部省科学研究費基礎(B)(課題番号10304001)に感謝します．

2008年11月

理論の概要と展望

　代数曲線は Riemann 面と 1 変数代数関数体という解析と代数を結び付ける高度な幾何的対象である．これを巡って展開された 19 世紀数学の諸理論の高次元化が 20 世紀の数学を大きく動機付けてきた．「代数多様体の研究」はその標語の一つである．当然のこととして，微分多様体や複素多様体であると同時に，あるいはそれ以上に，代数多様体の本質は多変数代数関数体[*1]にある．第 3 章で説明されるようにこの体 K とそのいくつかの有限生成部分環 $R_1, \cdots, R_N$ のスペクトルを貼り合わせた環層付空間として代数多様体が定義される．

　このような体論，環論的側面は，実際には代数方程式系を考察していることから代数幾何学がもって当然のものであるが，それゆえにモジュライ問題や群作用に関する商問題を難しくする．代数群[*2] G が代数多様体に作用しているとき，その商をどう構成すればよいだろうか？　商位相や Lie 群の部分群による商の構成のように，同値類集合に位相や微分構造を定義するのと同じようにはいかない．存在してほしい商代数多様体の関数体とその部分環の組を見つけないといけない．その候補は意外と簡単で，もとの関数体の不変式体やもとの整域の不変式環である（第 5 章）．しかし，次の問題が行く手をさえぎる．

1. 代数関数体 K の不変式体 K^G は代数関数体か？　すなわち，有限生成か？
2. 有限生成な環 R の不変式環 R^G は有限生成か？

　[*1] 基礎とする体 k 上の有限生成拡大体で超越次元が n のものを n 変数代数関数体という．

　[*2] 微分多様体で群になっているものが Lie 群であるように，代数多様体で群になっているものが代数群である．

3. 上が正しくて不変式体や不変式環から代数多様体が定義されたとしても，その多様体の下部集合はもとの多様体の G 軌道の集合と一致するだろうか？

1 は正しくて容易に証明できるが，2 と 3 は一般に正しくない．2 については多項式環に代数群が線型に作用している場合ですら反例がある($\S 2.5$)．

ではどう考えればよいのだろうか？ 本書の目標は基本的なモジュライ空間を群作用による商として具体的に構成することであるが，このときに現われる群はいつも一般線型群 $GL(m)$ であることに着目して解答を与える．すなわち，一般線型群に対しては 1 は正しいし(第 4 章)，2 も当然の修正を加えれば正しい[*3]．下部集合と G 軌道の対応は群作用に関して安定な点のなす開集合に限れば完全である．これらはともに線型簡約性という代数群 $GL(m)$ の表現論的性質からの帰結である．

実際のモジュライ問題では，安定な点を具体的に決定できないとモジュライの真の構成にはならない．後半では安定性に関する Hilbert–Mumford の数値的判定法を示してこの要請に答える．

記号の用法について

そうでなくても成立する命題が多いが，特に断らなければ k は標数零の代数的閉体とする．

[*3] 第 5 章の冒頭を見よ．

目　次

まえがき ･･････････････････ v
理論の概要と展望 ･･････････････ ix

第1章　不変式とモジュライ ･･････････ 1

§1.1　2次曲線のパラメータ空間 ･････ 1
§1.2　群の不変式 ･･･････････ 8
　（a）Poincaré 級数 ･･････････ 8
　（b）Molien の公式 ･･････････ 11
　（c）正多面体群 ･･･････････ 13
§1.3　2変数古典不変式 ･･･････ 17
　（a）終結式と判別式 ･･･････ 17
　（b）2変数4次斉次式 ･･････ 21
§1.4　平面曲線 ････････････ 26
　（a）アフィン平面曲線 ･･････ 26
　（b）射影平面曲線 ･･･････ 29
§1.5　平行4辺形と3次曲線 ･･････ 34
　（a）格子の不変量 ･･･････ 35
　（b）℘ 関　数 ･･･････････ 37
　（c）℘ 関数と3次曲線 ･･････ 40
要　　約 ･････････････････ 43
演習問題 ･････････････････ 44

第2章　環と多項式 ･･････････ 45

§2.1　基 定 理 ････････････ 45
§2.2　一意分解環 ･･････････ 48

§2.3	有限生成環 ・・・・・・・・・・・・・・・	*50*
§2.4	付値環 ・・・・・・・・・・・・・・・・・・	*53*
(a)	ベキ級数環 ・・・・・・・・・・・・・・・	*53*
(b)	付値環 ・・・・・・・・・・・・・・・・・	*55*
§2.5	話題: 有限生成でない不変式環 ・・・・・	*59*
(a)	次数付き環 ・・・・・・・・・・・・・・・	*60*
(b)	永田のトリック ・・・・・・・・・・・・	*61*
(c)	Liouville の定理の応用 ・・・・・・・・	*63*
要 約	・・・・・・・・・・・・・・・・・・・・	*66*
演習問題	・・・・・・・・・・・・・・・・・・	*66*

第3章 代数多様体 ・・・・・・・・・・・・・・・ *69*

§3.1	アフィン代数多様体 ・・・・・・・・・・	*69*
(a)	アフィン空間 ・・・・・・・・・・・・・	*69*
(b)	スペクトル ・・・・・・・・・・・・・・	*73*
§3.2	代数多様体 ・・・・・・・・・・・・・・・	*81*
§3.3	関手と代数群 ・・・・・・・・・・・・・・	*85*
(a)	粗モジュライ ・・・・・・・・・・・・・	*85*
(b)	代数群 ・・・・・・・・・・・・・・・・	*87*
§3.4	完備性とトーリック多様体 ・・・・・・・	*90*
(a)	完備代数多様体 ・・・・・・・・・・・・	*90*
(b)	トーリック多様体 ・・・・・・・・・・・	*94*
(c)	付値の近似 ・・・・・・・・・・・・・・	*96*
要 約	・・・・・・・・・・・・・・・・・・・・	*99*
演習問題	・・・・・・・・・・・・・・・・・・	*100*

第4章 代数群と不変式環 ・・・・・・・・・・・ *101*

§4.1	代数群の表現 ・・・・・・・・・・・・・・	*101*
§4.2	代数群と Lie 空間 ・・・・・・・・・・・	*106*
(a)	局所超関数 ・・・・・・・・・・・・・・	*106*

(b)	超関数代数	・・・・・・・・・・・・・	*108*
(c)	Casimir 作用素	・・・・・・・・・・	*111*

§4.3　Hilbert の定理 ・・・・・・・・・・ *112*
　(a)　線型簡約性 ・・・・・・・・・・・・・・ *112*
　(b)　有限生成性 ・・・・・・・・・・・・・・ *116*

§4.4　Cayley–Sylvester の個数公式 ・・・・・ *118*
　(a)　$SL(2)$ ・・・・・・・・・・・・・・・・ *118*
　(b)　$SL(2)$ の次元公式 ・・・・・・・・・・ *120*
　(c)　Cayley–Sylvester の公式 ・・・・・・・ *124*
　(d)　計　算　例 ・・・・・・・・・・・・・・ *127*

§4.5　話題：$SL(2)$ の幾何的簡約性 ・・・・・ *131*

要　　約 ・・・・・・・・・・・・・・・・・・ *134*

演習問題 ・・・・・・・・・・・・・・・・・・ *135*

第5章　商多様体の構成 ・・・・・・・・・ *137*

§5.1　アフィン多様体としての商 ・・・・・・・ *138*
　(a)　軌道の分離 ・・・・・・・・・・・・・・ *138*
　(b)　アフィン基本射の全射性 ・・・・・・・・ *141*
　(c)　安　定　性 ・・・・・・・・・・・・・・ *143*
　(d)　商関手の近似 ・・・・・・・・・・・・・ *144*

§5.2　古典不変式と非特異超曲面のモジュライ ・・・ *145*
　(a)　古典不変式と判別式 ・・・・・・・・・・ *145*
　(b)　非特異超曲面の安定性 ・・・・・・・・・ *148*

§5.3　超曲面のモジュライ ・・・・・・・・・・ *150*

§5.4　安定超曲面のモジュライ ・・・・・・・・ *154*
　(a)　射影的代数多様体 ・・・・・・・・・・・ *155*
　(b)　安定斉次式と半安定斉次式 ・・・・・・・ *157*

要　　約 ・・・・・・・・・・・・・・・・・・ *163*

演習問題 ・・・・・・・・・・・・・・・・・・ *163*

参考文献 ・・・・・・・・・・・・・・・・・・・ 165
演習問題解答 ・・・・・・・・・・・・・・・・・ 167
索　　引 ・・・・・・・・・・・・・・・・・・・・ 171

《第 II 巻の内容》
第 6 章　商多様体の大域的構成
第 7 章　Grassmann 多様体とベクトル束
第 8 章　曲線と Jacobi 多様体
第 9 章　曲線上の安定ベクトル束
第 10 章　モジュライ関手
第 11 章　Verlinde 公式と交点数公式
第 12 章　数値的判定法とその応用

1 不変式とモジュライ

予備知識なしで初等的に構成できるパラメータ空間の例を考察し，第3章以降の一般論への入門としよう．まず，2次曲線の Euclid 変換による同値類を扱う．モジュライ空間構成の要点のいくつかはこのように身近な所で既に現われる．また，基本手段である不変式環をどう決定するかについて有限群の場合に丁寧に見よう．次に，古典不変式を使って，2変数4次斉次式の $GL(2)$ 同値類のパラメータ空間を構成する．

§1.5 では代数多様体の例として平面曲線を復習する．特異点のない場合にはコンパクト Riemann 面であるが，とくに，3次曲線の場合は2重周期関数を使ってこれを具体的に見ることができる．これに関連して，また離散群による商の例として，複素平面内の格子のパラメータ付けを考える．

§1.1 2次曲線のパラメータ空間

xy-平面内の2次曲線

$$(1.1) \quad ax^2+2bxy+cy^2+2dx+2ey+f = 0$$

を考えよう．ただし，係数 $a, b, \cdots, f$ は定数とする．この左辺が1次式の積に因数分解するとき，これは直線の和になる．そうでないとき，非退化という（図 1.1）．

2次曲線の Euclid 変換による分類を不変式の見地から考えてみよう．Euclid

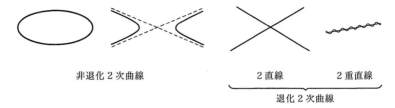

図 1.1

変換群 G は平行移動の全体
$$x \mapsto x+l, \quad y \mapsto y+m$$
を正規部分群として含み，それらと回転で生成される．G はまた行列

(1.2) $$X = \begin{pmatrix} p & q & l \\ -q & p & m \\ 0 & 0 & 1 \end{pmatrix}, \quad p^2+q^2 = 1$$

の全体とみなせる．2次曲線 (1.1) を
$$(x\ y\ 1) \begin{pmatrix} a & b & d \\ b & c & e \\ d & e & f \end{pmatrix} \begin{pmatrix} x \\ y \\ 1 \end{pmatrix} = 0$$

でもって，対称行列と対応付けよう．Euclid 変換 (1.2) は，この対称行列を
$$\begin{pmatrix} a & b & d \\ b & c & e \\ d & e & f \end{pmatrix} \mapsto {}^tX \begin{pmatrix} a & b & d \\ b & c & e \\ d & e & f \end{pmatrix} X$$

と変換する．言い替えると，対称行列の全体のなす 6 次元ベクトル空間は Euclid 変換群 G の表現である．幾何学は変換によって不変な性質を調べるのだから，多項式 $F(a,b,\cdots,f)$ でもってこの作用に関して不変なものを探そう．変換行列 (1.2) の行列式は 1 だから，まず，

$$D = \det \begin{pmatrix} a & b & d \\ b & c & e \\ d & e & f \end{pmatrix}$$

が不変である．$D \neq 0$ は 2 次曲線が非退化なことと同値である．この意味を表すために D を判別式 (discriminant) と呼ぶ．また，左上の 2×2 部分

$\begin{pmatrix} a & b \\ b & c \end{pmatrix}$ のトレース $T=a+c$ と行列式 $E=ac-b^2$ も不変式である．不変式の全てはこの 3 つの D,T,E の多項式として（一意的に）表される．すなわち，次が成立する．（後の都合のため複素数係数で考える．）

命題 1.1 G の V への作用に関する不変（多項）式の全体は多項式環 $\mathbb{C}[a,b,c,d,e,f]$ の部分環をなすが，それは上の D,T,E で生成される． □

これの証明はしないが，次元勘定が合っていることを見ておこう．まず，V の次元は 6 である．次に Euclid 変換群の次元（自由パラメータの個数）は 3 である．一般の 2 次式を保つ Euclid 変換は自明なものしかない．よって，「商の次元は $6-3=3$ のはず」である．この場合，3 個の不変式 D,T,E があって（代数的に）独立だから話がうまくいっている．

2 次式の全体は $V \simeq \mathbb{C}^6$ であるが，ここでは「関数として」その上の多項式しか考えない．その意味をこめてアフィン空間と呼び，$\mathbb{A}^6$ で表す．その中で非退化なものの全体を U で表そう．これは $\mathbb{A}^6$ の開集合で，$D \neq 0$ で定義されている．それの上の「正則関数」の全体は分母に $D=D(a,b,\cdots,f)$ のベキしか現れない有理式の全体

$$\mathbb{C}\left[a,b,c,d,e,f,\frac{1}{D}\right]$$

である．

さて，ここまでは 2 次曲線ではなく，それを定める 2 次式に着目してきた．以下では，2 次曲線の方を考えよう．しかも，非退化なものに限る．定数倍しか違わない 2 次式は同じ曲線を定めるので，G とスカラー行列 rI_3 全体で生成される群 $\widetilde{G}$ の不変式を考えよう．スカラー行列 rI_3 は 3 つの G 不変式 D,E,T をそれぞれ r^6,r^4,r^2 倍する．よって，U 上の $\widetilde{G}$ 不変関数の全体

$$\mathbb{C}\left[a,b,c,d,e,f,\frac{1}{D}\right]^{\widetilde{G}}$$

は

$$A=\frac{E^3}{D^2}, \quad B=\frac{ET}{D}, \quad C=\frac{T^3}{D}$$

で生成される．これらの間には

なる関係がある．よって，非退化2次曲線のモジュライ空間は3次元アフィン空間 $\mathbb{A}^3$ 内で

$$xz - y^3 = 0$$

で定義されるアフィン代数曲面である．（これの原点は A_2 型の有理2重点と呼ばれる特異点である．）

次のように見るのがよりわかりやすい．非退化な2次曲線の定義式(1.1)は適当な rI の作用で調節して，$D(a,b,\cdots,f)=1$ とできる．このように正規化された2次式の全体は T と E を座標とするアフィン平面である．このような正規化の仕方は1の虚数立方根 ω に対する ωI の作用の分の曖昧性しかない．この作用でもって，T, E は $\omega T, \omega^2 E$ に変換される．よって，非退化2次曲線のパラメータ空間は TE-平面を3次巡回群の作用

$$(T, E) \longrightarrow (\omega T, \omega^2 E)$$

で割って得られる曲面である．原点はこの作用の固定点なので，商特異点になっている．

さらに実数体 $\mathbb{R}$ 上でのパラメータ空間の様子を見ておこう．実数の範囲では実3乗根が一意に決まることに注意しよう．よって，実数係数の2次曲線(1.1)に対しては D の実数の立方根をとって，

$$(\alpha, \beta) = \left(\frac{E}{\sqrt[3]{D^2}}, \frac{-T}{\sqrt[3]{D}} \right)$$

をパラメータにとるのが見やすい．2次曲線はこの $\alpha\beta$-平面でパラメータ付けられる．

(i) 放物線の右側 $\beta^2 < 4\alpha$ に属する点は実数係数2次曲線に対応していない．（虚領域と呼ぶのがふさわしいだろう．）パラメータ空間の実数点ではあるが，定義式の係数としてどうしても複素数が必要となる場合である．標準型として，例えば，

$$(a+b\sqrt{-1})x^2 + (a-b\sqrt{-1})y^2 = 1, \quad a, b \in \mathbb{R}, \ b > 0$$

がとれる．

(ii) 放物線 $\beta^2 = 4\alpha$ の第1象限部分の点は半径 $\sqrt{2/\beta}$ の円に対応して

いる.
(iii) β 軸と放物線 $\beta^2 = 4\alpha$ で挟まれた第 1 象限 $\beta^2 > 4\alpha > 0$ の部分は楕円をパラメータ付けている.
(iv) β 軸の正の部分の点は放物線をパラメータ付けている.
(v) β 軸の左側 $\alpha < 0$ は双曲線をパラメータ付けている. これを二分する α 軸の負の部分は直角双曲線(反比例のグラフ)に対応している. そして, 第 2, 3 象限はそれぞれ鋭角, 鈍角双曲線をパラメータ付けている.
(vi) β 軸の負の部分は純虚数を係数とする放物線, 例えば $y = \sqrt{-1}\, x^2$, をパラメータ付けている.
(vii) $\beta^2 \geqq 4\alpha > 0$, $\beta < 0$ の部分は虚楕円 $\dfrac{x^2}{a^2} + \dfrac{y^2}{b^2} + 1 = 0$ をパラメータ付けている.
(viii) 原点 $(0,0)$ は特別な放物線 $y = \sqrt{-1}\,(x - \sqrt{-1}\, y)^2$ が対応する.

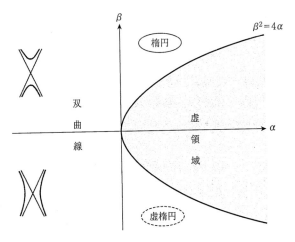

図 1.2　非退化 2 次曲線のパラメータ空間

この図を原点を中心として正の向きに回っていこう.

2 次曲線は円として生まれ($e=0$), 楕円に育ち, 放物線($e=1$)で相転移して双曲線になる. 漸近線のなす角は最初は鋭角だがだんだん大きくなり, 180 度になった時点($e=\infty$)で虚領域に入る. そして, ここを経て再び円に生まれ変わる(Kepler の原理).

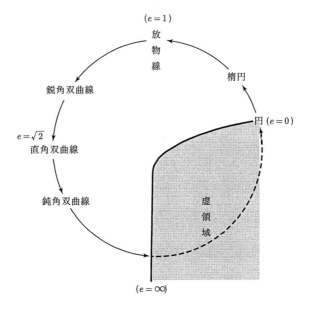

図 1.3 2 次曲線の輪廻

注意 2 次曲線が楕円の場合, その面積は $\pi/\sqrt{\alpha}$ に等しい. とくに, β 軸に近づくほど面積は増え, β 軸上の放物線で面積は無限大となる. この考え方を延長すると, 双曲線の面積は虚数ということになる.

これで $\alpha\beta$-平面と 2 次曲線の対応がついた. G は性質のいい群(簡約群)ではないが, この場合には運よく $\alpha\beta$-平面の点が全て 2 次曲線に対応している.

2 次曲線は円錐曲線とも呼ばれるように, 円錐の平面による切り口である (Apollonius, Pappus). そして円錐を切る平面の角度に応じて離心率 e が定まる(図 1.4). 正確には円錐の底面と母線のなす角, 底面と切断面のなす角をそれぞれ ϕ, ψ として

$$e = \frac{\sin\psi}{\sin\phi}$$

とおくとき, $e<1, e=1, e>1$ に従って, 楕円, 放物線, 双曲線に分かれる. よく知られているように

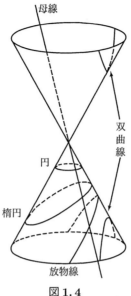

図 1.4

$$e = \frac{(\text{焦点からの距離})}{(\text{準線との距離})}$$

である.この離心率 e は不変(多項)式ではないが,不変式を係数とする代数方程式をみたす.正確には

$$(e^2-1) + \frac{1}{e^2-1} = 2 - \frac{T^2}{2E}$$

なる 4 次方程式で定まる不変多価代数関数である.本来は多価であるが,実数上で考えていることを利用して,うまく多価の中から枝を選んで,実数係数 2 次曲線に対しては 1 価にしたものである.相似拡大(と縮小)も変換群に含めて考えると k 倍変換は α を $\sqrt[3]{k^2}$ 倍に β を $\sqrt[3]{k}$ 倍にする.よって,このときの「モジュライ」は平面から原点を除いて

$$(\alpha, \beta) \leftrightarrow (\sqrt[3]{k^2}\alpha, \sqrt[3]{k}\beta)$$

なる同値類で割った空間,すなわち,射影直線である[*1].こうして得られる 1 次元パラメータが本質的には離心率 e である.

---

*1 より正確には荷重射影直線 $\mathbb{P}(1:2)$ である.

本書の前半の目的はこのようなパラメータ空間の構成を多変数の多項式の一般線型群による同値類に一般化することである．幾何的な言葉でいうと，一般次元の超曲面の射影変換による同値類のパラメータ空間を構成する．

§1.2 群の不変式

n 変数多項式 $f(x_1, x_2, \cdots, x_n)$ が n 次正方行列 $A=(a_{ij})$ に関して不変というのには二つの意味がある．

（ⅰ） A の定める座標変換に関して不変．すなわち，

$$(1.3) \qquad f(Ax) := f(\sum_i a_{1i}x_i, \cdots, \sum_i a_{ni}x_i) = f(x_1, x_2, \cdots, x_n)$$

が成立する．

（ⅱ） A の定める微分

$$\mathcal{D}_A = \sum_{i,j} a_{ij} x_i \frac{\partial}{\partial x_j}$$

に関して不変，すなわち，

$$(1.4) \qquad \mathcal{D}_A f(x_1, x_2, \cdots, x_n) = \sum_{i,j} a_{ij} x_i \frac{\partial f}{\partial x_j} = 0$$

が成立する．

どちらの意味でも行列 A の集合を固定したとき，それらに関する不変式の全体は部分環になる．群と Lie 環の概念はこの不変性の概念から自然に生まれる．

（a） Poincaré 級数

まず，上の(1.3)の意味の不変式を復習しよう．n 次正則行列よりなる集合 $T \subset GL(n, k)$ に関する不変多項式の全体

$$\{f(x_1, x_2, \cdots, x_n) \mid f(Ax) = f(x), \forall A \in T\}$$

を考えよう．部分環になることは明らかである．これを**不変式環**(invariant ring)という．多項式 $f(x)$ が行列 A で不変ならその逆行列 A^{-1} で不変である．また A と B に関して不変なら積 AB に関して不変である．よって，上

の不変式環は T が逆元と積に関して閉じている場合を考えれば(少なくとも概念的には)充分である．これが部分群の定義であった．また，本質的には群表現の定義である．

定義 1.2 G は $GL(n,k)$ の部分群とする．多項式 $f(x_1, x_2, \cdots, x_n)$ は
$$f(\sum_i a_{1i}x_i, \cdots, \sum_i a_{ni}x_i) = f(x_1, \cdots, x_n)$$
が全ての $A = (a_{ij}) \in G$ に対して成立するとき，G **不変式**であるという． □

多項式環 $k[x_1, x_2, \cdots, x_n]$ を S で，不変式環を S^G で表す．G が有限群の場合を考察しよう．

例 1.3 G が全ての n 次置換行列(各行各列に 1 が一つずつあって，他は 0)よりなる対称群のとき，G 不変多項式は対称式に外ならない．これらの全体は部分環をなす．特別な対称式として n 個の基本対称式
$$\sigma_1(x) = \sum_i x_i, \quad \cdots\cdots, \quad \sigma_n(x) = \prod_i x_i$$
があるが，よく知られているように不変式環はこれらで生成される． □

例 1.4 G が全ての n 次偶置換行列よりなる交代群のとき，G 不変式は対称式と交代式の和として一意的に表される．
$$\{\text{不変式}\} = \{\text{対称式}\} \oplus \{\text{交代式}\}$$
交代式の全体は対称式全体のなす環上の加群になっているが，それは差積
$$\Delta(x) = \prod_{1 \leq i < j \leq n}(x_i - x_j)$$
でもって生成される自由加群である． □

例 1.5 G は単位行列 I_n とその符号違い $-I_n$ よりなる $GL(n,k)$ の位数 2 の部分群としよう．このときの不変式の全体は偶数次の単項式を基底とするベクトル空間である．環としては 2 次の単項式，例えば $n=2$ の場合だと x_1^2, $x_1 x_2$, x_2^2 で生成される． □

多項式 $f(x) = f(x_1, \cdots, x_n)$ を斉次多項式の和
$$f_0 + f_1(x) + f_2(x) + \cdots + f_{\text{top}}(x), \quad \deg f_i(x) = i$$
に表したとき，$f(x)$ が不変であることと全ての $f_i(x)$ が不変であることは同

値である.よって,次数 d の斉次多項式の全体を S_d とするとき,不変式環 S^G は

$$S^G = \bigoplus_{d \geqq 0} S^G \cap S_d$$

と直和分解する. t を不定元として S^G の斉次部分の次元の母関数 (generating function)

$$P(t) := \sum_{d \geqq 0} (\dim S^G \cap S_d) t^d \in \mathbb{Z}[[t]]$$

が形式的ベキ級数として定まる.これを(次数付き)環 S^G の **Poincaré 級数**という.

例 1.6 置換行列に関する上の二つの例 1.3 と 1.4 に対する Poincaré 級数はそれぞれ次で与えられる.

(ⅰ)
$$\frac{1}{(1-t)(1-t^2)\cdots(1-t^n)}.$$

(ⅱ)
$$\frac{1+t^{n(n-1)/2}}{(1-t)(1-t^2)\cdots(1-t^n)}.$$
□

これらは次のようにわかる.まず,例 1.3 の場合には,

$$\frac{1}{(1-\sigma_1)(1-\sigma_2)\cdots(1-\sigma_n)}$$

をベキ級数展開したときに,対称式のなす無限次元ベクトル空間の基底が得られている.よって,ここに, $\sigma_i = t^i$ を代入して上の Poincaré 級数を得る.例 1.4 の場合には,

$$S^G = k[\sigma_1, \cdots, \sigma_n] \oplus k[\sigma_1, \cdots, \sigma_n]\Delta$$

であることと $\deg \Delta = n(n-1)/2$ より,上を得る.このように Poincaré 級数は「環の大きさと形」を表す重要な不変量である.

(b) Molienの公式

有限群の不変式環のPoincaré級数を具体的に与える公式がある．n次正方行列Aと不定元tに対して，
$$\det(I_n - tA)$$
をその**反転固有多項式**という．これの次数はnから固有値0の重複度を引いたものに等しい．初項は常に1なのでベキ級数環$\mathbb{Z}[[t]]$の中で逆元をもつ．

定理 1.7（Molien） 有限群Gの不変式環S^GのPoincaré級数はGの元Aの反転固有多項式の逆平均
$$\frac{1}{|G|} \sum_{A \in G} \frac{1}{\det(I_n - tA)}$$
に等しい． □

有限群の表現論から次を思い出そう．まず，（線型）表現とは群Gからベクトル空間Vの自己同型群$GL(V)$への準同型写像[*2]
$$\rho \colon G \longrightarrow GL(V)$$
のことである．我々の状況では，多項式環Sの各斉次部分S_dがGの有限次元表現になっている．Vが有限次元表現のとき，その指標とは
$$\chi \colon G \longrightarrow \mathbb{C}, \quad g \mapsto \operatorname{Trace} \rho(g)$$
のことである．不変元全体のなす部分空間
$$V^G := \{ v \in V \mid \rho(g)v = v,\ \forall g \in G \}$$
の次元は指標の平均と一致する．

命題 1.8（次元公式）
$$\dim V^G = \frac{1}{|G|} \sum_{g \in G} \chi(g).$$

［証明］ $g \in G$の定めるVの自己同型写像$\rho(g)$の平均

[*2] 反準同型になる場合もあるが，そのときはGの反自己同型$g \mapsto g^{-1}$を結合させて準同型にする．本書で考えるのはほとんどの場合不変元だけなので，（作用の右左の別は）あまり気にしなくてよい．

$$V \longrightarrow V, \quad v \mapsto \frac{1}{|G|} \sum_{g \in G} \rho(g)$$

を E で表す．これは V から自分自身への線型写像で，V^G への制限は恒等写像である．また，像は V^G である．よって，

$$\dim V^G = \operatorname{Trace} E = \frac{1}{|G|} \sum_{g \in G} \operatorname{Trace} \rho(g)$$

が成立する（演習問題 1.1 を見よ）．

［定理 1.7 の証明］ $A \in G$ を一つとってきて，これを対角化する S_1 の基底

$$\{x_1, \cdots, x_n\}$$

をとる．A は有限位数なので，これはいつも可能である[*3]．また，A の固有値を $a_1, \cdots, a_n$ としよう．このとき反転固有多項式は

$$\det(I_n - tA) = (1-a_1 t)(1-a_2 t) \cdots (1-a_n t)$$

である．さて，

$$\frac{1}{(1-x_1)(1-x_2)\cdots(1-x_n)}$$

のベキ級数展開には S の単項式が重複なく一つずつ現われる．これに A を作用させた

$$\frac{1}{(1-a_1 x_1)(1-a_2 x_2) \cdots (1-a_n x_n)}$$

を考えよう．A の表現 S_d での指標 $\chi_d(A)$ はこの展開の d 次の単項式の係数を全て足し合わせたものである．よって，それは上において

$$x_1 = x_2 = \cdots = x_n = t$$

とおいて得られるベキ級数

$$\frac{1}{(1-a_1 t)(1-a_2 t) \cdots (1-a_n t)}$$

の t^d の係数に等しい．すなわち，

[*3] 実は，対角化しなくても上半三角にするだけでも証明には充分である．

を得る．次元公式より，これの平均をとって，定理を得る．

例 1.9 例 1.5 の場合の不変式環の Poincaré 級数は
$$\frac{1}{2}\left(\frac{1}{(1-t)^n}+\frac{1}{(1+t)^n}\right)$$
に等しい．

$n=2$ の場合は
$$P(t)=\frac{1+t^2}{(1-t^2)^2}=\frac{1-t^4}{(1-t^2)^3}$$
であるが，これは不変式環 S^G が $A=x_1^2$, $B=x_1x_2$, $C=x_2^2$ で生成され，その間に $AC-B^2=0$ なる関係があることからも従う．

(c) 正多面体群

正多面体群から例をあげよう．

例 1.10 (4 元数群，octanion group)　位数 4 の二つの元
$$\begin{pmatrix} i & 0 \\ 0 & -i \end{pmatrix}, \quad \begin{pmatrix} 0 & 1 \\ -1 & 0 \end{pmatrix}$$
は $SL(2,\mathbb{C})$ の位数 8 の部分群を生成する．この群は $\pm I_2$ と 6 個の位数 4 の元よりなる．Molien の公式より，不変式環の Poincaré 級数は
$$P(t)=\frac{1}{8}\left\{\frac{1}{(1-t)^2}+\frac{1}{(1+t)^2}+\frac{6}{1+t^2}\right\}=\frac{1+t^6}{(1-t^4)^2}=\frac{1-t^{12}}{(1-t^4)^2(1-t^6)}$$
に等しい．

二つの 4 次式
$$A=x^4+y^4, \quad B=x^2y^2$$
がこれの不変式として見つかる．これらの生成する部分環 $k[A,B]\subset S^G$ の Poincaré 級数は
$$\frac{1}{(1-t^4)^2}$$

である．さらに 6 次式
$$C = xy(x^4 - y^4)$$
が不変式として見つかる．C 自体は $k[A,B]$ に入らないが，C^2 は $k[A,B]$ に属する．$k[A,B] \oplus k[A,B]C \subset S^G$ の Poincaré 級数は S^G のそれと一致する．よって，次が示せた．

命題 1.11 4 元数群の不変式環 S^G は
$$A = x^4 + y^4, \quad B = x^2y^2, \quad C = xy(x^4 - y^4)$$
で生成され，それらの間には
$$(1.5) \qquad A^2B - 4B^3 = C^2$$
なる関係がある． □

注意 左辺の因数
$$A - 2B = (x^2 - y^2)^2, \quad A + 2B = (x^2 + y^2)^2, \quad B = x^2y^2$$
は A,B の線型結合で重解をもつもの全てである．

この例は位数 8 の 2 変数 2 面体群(binary dihedral group)でもある．6 次

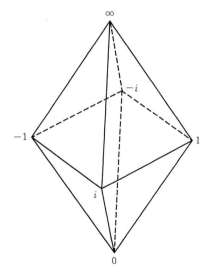

図 1.5 6 次不変式と正 8 面体

不変式 C の零点は，Riemann 球面上で考えると正 8 面体の 6 頂点になっている．また，A, B, C を座標とする空間内で (1.5) の原点は特異点である．これは D_4 型の有理 2 重点と呼ばれる（図 1.5）．

次に 2 変数正 20 面体群を考えよう．

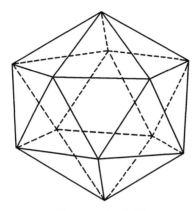

図 1.6 正 20 面体

例 1.12 G_{120} は $-I_2 = \begin{pmatrix} -1 & 0 \\ 0 & -1 \end{pmatrix}$ を含む $SU(2)$ の部分群で，

$$G_{60} = G_{120}/\{\pm I_2\} \subset SU(2)/\{\pm I_2\} \cong SO(3, \mathbb{R})$$

が正 20 面体を保つ回転の全体（5 次交代群と同型）になるものとする．（最後の同型は 4 元数体を使って証明できる．）この群 G_{120} の元の位数の分布は次の通りである．

位数	1	2	3	4	5	6	10
個数	1	1	20	30	24	20	24

よって，Poincaré 級数を $P(t)$ とするとそれの 120 倍は

$$\frac{1}{(1-t)^2} + \frac{1}{(1+t)^2} + \frac{20}{1+t+t^2} + \frac{30}{1+t^2} + \frac{12(1+t^2)}{1+t+t^2+t^3+t^4}$$

$$+ \frac{20}{1-t+t^2} + \frac{12(1+t^2)}{1-t+t^2-t^3+t^4}$$

に等しい．計算より，
$$P(t) = \frac{1+t^{30}}{(1-t^{12})(1-t^{20})} = \frac{1-t^{60}}{(1-t^{12})(1-t^{20})(1-t^{30})}$$
を得る． □

正20面体を球面 S に内接させたとき，S 上には12個の頂点がのっている．この球面 S を Riemann 球面 $\mathbb{CP}^1 = \mathbb{C} \cup \{\infty\}$ と思って，12個の頂点の座標を $\alpha_1, \cdots, \alpha_{12}$ とする．このとき，
$$f_{12}(x,y) = \prod_{i=1}^{12}(x - \alpha_i y)$$
は G_{120} の不変式である．座標を上手にとって
$$f_{12}(x,y) = xy(x^{10} + 11x^5 y^5 - y^{10})$$
とできる．これの Hesse 行列式
$$H_{20} = \frac{1}{121}\begin{vmatrix} f_{xx} & f_{xy} \\ f_{yx} & f_{yy} \end{vmatrix} = -x^{20} + 228x^{15}y^5 - 494x^{10}y^{10} - 228x^5 y^{15} - y^{20}$$
は次数20の不変式である．また，f_{12} と H_{20} の Jacobi 行列式
$$J_{30} = \frac{1}{20}\begin{vmatrix} f_x & f_y \\ H_x & H_y \end{vmatrix} = x^{30} + 522x^{25}y^5 - 10005x^{20}y^{10} - 10005x^{10}y^{20} + 522x^5 y^{25} + y^{30}$$

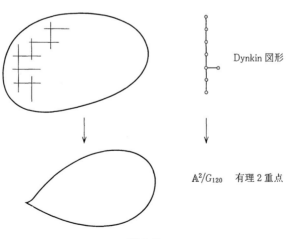

図 1.7

は次数 30 の不変式である．f_{12}, H_{20}, J_{30} のどの二つも代数的に独立であるが，三つの間には

$$J^2 + H^3 = 1728 f^5$$

の関係がある．よって，上の計算結果より不変式環 $\mathbb{C}[x,y]^{G_{120}}$ は f, H, J で生成される．別の言い方をすると商多様体 $\mathbb{A}^2/G_{120}$ は $\mathbb{A}^3$ の中の曲面

$$z^2 = 1728 x^5 - y^3$$

と同型である．この曲面は原点で特異であるが，これは E_8 型の有理 2 重点と呼ばれるものである．この特異点の極小解消の例外集合には 8 本の射影直線が図 1.7 のように交わって現われる．

§1.3　2 変数古典不変式

(a)　終結式と判別式

d 次方程式

(1.6) $\quad f(x) = a_0 x^d + a_1 x^{d-1} + \cdots + a_{d-1} x + a_d = 0, \quad a_0 \neq 0$

の解を $\lambda_1, \cdots, \lambda_d$，$e$ 次方程式

$$g(x) = b_0 x^e + b_1 x^{e-1} + \cdots + b_{e-1} x + b_e = 0, \quad b_0 \neq 0$$

の解を $\mu_1, \cdots, \mu_e$ とし，

$$R(f, g) = a_0^e b_0^d \prod_{i,j} (\lambda_i - \mu_j)$$

とおく．二つの方程式が共通解をもつのはこれが零であることと同値である．$R(f,g)$ は例 1.3 より係数の多項式として表される．これを f と g の **終結式** (resultant) と呼ぶ．これは次の $(d+e)$ 次行列の行列式の形に表される．

$$\begin{pmatrix} a_0 & a_1 & \cdots & a_d & & & \\ & a_0 & a_1 & \cdots & a_d & & \\ & & \cdots & & & & \\ & & & a_0 & a_1 & \cdots & a_d \\ b_0 & b_1 & \cdots & b_e & & & \\ & b_0 & b_1 & \cdots & b_e & & \\ & & \cdots & & & & \\ & & & b_0 & b_1 & \cdots & b_e \end{pmatrix}$$

d 次方程式(1.6)の判別式とは

$$D(f) = \pm a_0^{2d-2} \prod_{1 \leq i \neq j \leq d} (\lambda_i - \lambda_j)$$

のことで,本質的には $f(x)$ とその微分 $f'(x)$ の終結式である.ここでは,射影座標 $(x:y) \in \mathbb{P}^1$ に対する斉次方程式

$$f(x,y) = \sum_{i=0}^{d} a_i \binom{d}{i} x^{d-i} y^i = a_0 x^d + d a_1 x^{d-1} y + \cdots + d a_{d-1} xy^{d-1} + a_d y^d = 0$$

で考えよう.(ついでに,係数を2項係数で調節した.) $a_0 = 0$ のときは,$\infty = (1:0)$ が解になる.この方程式の重解は

$$\frac{\partial f}{\partial x}(x,y) = \frac{\partial f}{\partial y}(x,y) = 0$$

の共通解である.よって,二つの偏微分の終結式の消滅

$$R(f_x, f_y) = 0$$

が重解をもつための必要充分条件である.

$(d+1)$ 個の独立な不定元 $\xi_0, \cdots, \xi_d$ を導入して,それらを係数とする斉次 d 次式

(1.7)

$$f_\xi(x,y) = \sum_{i=0}^{d} \xi_i \binom{d}{i} x^{d-i} y^i = \xi_0 x^d + d\xi_1 x^{d-1} y + \cdots + d\xi_{d-1} xy^{d-1} + \xi_d y^d$$

を考えよう(一般形式).

定義 1.13　(1.7)の二つの偏微分(の d 分の 1)の終結式

$$D(\xi_0, \xi_1, \cdots, \xi_{d-1}, \xi_d) = \begin{vmatrix} \xi_0 & (d-1)\xi_1 & \cdots & \xi_{d-1} & & & \\ & \xi_0 & (d-1)\xi_1 & \cdots & \xi_{d-1} & & \\ & & & \cdots & & & \\ & & & \xi_0 & (d-1)\xi_1 & \cdots & \xi_{d-1} \\ \xi_1 & (d-1)\xi_2 & \cdots & \xi_d & & & \\ & \xi_1 & (d-1)\xi_2 & \cdots & \xi_d & & \\ & & & \cdots & & & \\ & & & \xi_1 & (d-1)\xi_2 & \cdots & \xi_d \end{vmatrix}$$

を $f_\xi(x,y)$ の**判別式**(discriminant)という.　□

例 1.14　2次方程式

$$f(x,y) = \xi_0 x^2 + 2\xi_1 xy + \xi_2 y^2 = 0$$

に対しては，よく知られているように，$D(\xi) = \begin{vmatrix} \xi_0 & \xi_1 \\ \xi_1 & \xi_2 \end{vmatrix} = \xi_0 \xi_2 - \xi_1^2$ が判別式である． □

例 1.15 3 次方程式

$$f(x,y) = \xi_0 x^3 + 3\xi_1 x^2 y + 3\xi_2 xy^2 + \xi_3 y^3 = 0$$

の判別式は

$$\begin{vmatrix} \xi_0 & 2\xi_1 & \xi_2 & 0 \\ 0 & \xi_0 & 2\xi_1 & \xi_2 \\ \xi_1 & 2\xi_2 & \xi_3 & 0 \\ 0 & \xi_1 & 2\xi_2 & \xi_3 \end{vmatrix} = \xi_0^2 \xi_3^2 - 3\xi_1^2 \xi_2^2 - 3\xi_0 \xi_1 \xi_2 \xi_3 + 4\xi_1^3 \xi_3 + 4\xi_0 \xi_2^3$$

である．これは $f(x,y)$ の Hesse 行列式

$$H(x,y) = \frac{1}{6^2} \begin{vmatrix} f_{xx} & f_{xy} \\ f_{yx} & f_{yy} \end{vmatrix} = (\xi_1^2 - \xi_0 \xi_2) x^2 + (\xi_1 \xi_2 - \xi_0 \xi_3) xy + (\xi_2^2 - \xi_1 \xi_3) y^2$$

の判別式にも等しい． □

正則行列

$$g = \begin{pmatrix} \alpha & \beta \\ \gamma & \delta \end{pmatrix} \in GL(2)$$

で (1.7) を変換して得られる斉次式とは，変数 x, y に $\alpha x + \beta y, \gamma x + \delta y$ を代入して得られる多項式

$$f_\xi(gx) = f_\xi(\alpha x + \beta y, \gamma x + \delta y)$$

のことである．これを展開して x, y の単項式にまとめ直したものを

$$\sum_i \xi_i(g) \binom{d}{i} x^{d-i} y^i$$

としよう．$\xi_i(g)$ は $\alpha, \beta, \gamma, \delta$ の d 次斉次多項式 $\widetilde{g}_i^j$ を使って，

$$\xi_i(g) = \sum_j \widetilde{g}_i^j(\alpha, \beta, \gamma, \delta) \xi_j$$

と表される．

命題 1.16 判別式 D は全ての行列式 1 の 2 次正方行列 $g \in SL(2, k)$ に対

して，
$$D(\xi_0(g), \cdots, \xi_d(g)) = D(\xi_0, \cdots, \xi_d)$$
をみたす．

[証明]
$$f_\xi(x,1) = \xi_0 x^d + d\xi_1 x^{d-1} + \cdots + d\xi_{d-1} x + \xi_d = 0$$
を有理式体 $k(\xi_0, \cdots, \xi_d)$ 上の d 次方程式と思って，その解を $\lambda_1, \cdots, \lambda_d$ とする（方程式の分解体の中で考える）．このとき，
$$f_\xi(x,y) = \xi_0 \prod_{i=1}^{d}(x - \lambda_i y)$$
と
$$D(\xi) = \xi_0^{2d-2} \prod_{1 \leqq i,j \leqq d}(\lambda_i - \lambda_j)$$
が成立する．$g = \begin{pmatrix} \alpha & \beta \\ \gamma & \delta \end{pmatrix} \in GL(2)$ とすると，
$$f(\alpha x + \beta y, \gamma x + \delta y) = \xi_0 \prod_{i=1}^{d}(\alpha x + \beta y - \lambda_i(\gamma x + \delta y))$$
$$= f(\alpha, \gamma) \prod_{i=1}^{d}\left(x - \frac{-\delta \lambda_i + \beta}{\gamma \lambda_i - \alpha} y\right)$$
が成立する．よって g は解の差 $(\lambda_i - \lambda_j)$ を
$$\frac{-\delta \lambda_i + \beta}{\gamma \lambda_i - \alpha} - \frac{-\delta \lambda_j + \beta}{\gamma \lambda_j - \alpha} = \frac{(\alpha\delta - \beta\gamma)(\lambda_i - \lambda_j)}{(\gamma\lambda_i - \alpha)(\gamma\lambda_j - \alpha)}$$
に移す．よって $\det g = 1$ なら
$$D(\xi(g)) = f_\xi(\alpha, \gamma)^{2d-2} \prod_{1 \leqq i,j \leqq d} \frac{\lambda_i - \lambda_j}{(\gamma\lambda_i - \alpha)(\gamma\lambda_j - \alpha)} = D(\xi)$$
である． ∎

係数不定元 $\xi_0, \cdots, \xi_d$ の斉次多項式 $F(\xi)$ を考えよう．

定義 1.17 全ての $g \in SL(2,k)$ に対して
(1.8) $$F(\xi_0(g), \cdots, \xi_d(g)) = F(\xi_0, \cdots, \xi_d)$$
が成立するとき，$F(\xi)$ は **2 変数古典不変式**であるという． □

2 変数 d 次斉次式の全体は $(d+1)$ 次元ベクトル空間である．ここに一般

線型群 $GL(2)$ が線型に作用している．よって，その上の多項式関数の全体 $k[\xi_0,\cdots,\xi_d]$ に特殊線型群 $SL(2)$ が作用している．古典不変式はこの作用の $SL(2)$ への制限に関して不変な斉次式である．上の命題より判別式 $D(\xi)$ は $(2d-2)$ 次の古典不変式である．

(b)　2変数4次斉次式

一般4次形式は $\xi_0,\xi_1,\xi_2,\xi_3,\xi_4$ を独立な不定元として，
$$(1.9) \quad f_\xi(x,y)=\xi_0 x^4+4\xi_1 x^3 y+6\xi_2 x^2 y^2+4\xi_3 xy^3+\xi_4 y^4=0$$
と表される．不変式環 $k[\xi_0,\xi_1,\xi_2,\xi_3,\xi_4]^{SL(2)}$ の Poincaré 級数は
$$P(t)=\frac{1}{(1-t^2)(1-t^3)}$$
に等しいことを第4章で示す．これはとくに，次数 2, 3 の不変式の存在を主張しているが，これらは次のようにして見つかる．$x^2, 2xy, y^2$ に対応する新しい変数 U,V,W を導入して，$f_\xi(x,y)$ をこれらの 2 次式とみなす．
$$x^4=U^2,\quad 2x^3 y=UV,\quad 4x^2 y^2=V^2=4UW,\quad 2xy^3=VW,\quad y^4=W^2$$
だから，4次方程式 (1.9) は連立2次方程式
$$\begin{cases}\xi_0 U^2+2\xi_1 UV+\xi_2(V^2+2UW)+2\xi_3 VW+\xi_4 W^2=0\\ 4UW-V^2=0\end{cases}$$
に変換される．各2次式には対称行列
$$\begin{pmatrix}\xi_0 & \xi_1 & \xi_2\\ \xi_1 & \xi_2 & \xi_3\\ \xi_2 & \xi_3 & \xi_4\end{pmatrix},\quad \begin{pmatrix} & & 2\\ & -1 & \\ 2 & & \end{pmatrix}$$
が対応する．これの特性多項式 (characteristic polynomial) を
$$\det\left[\begin{pmatrix}\xi_0 & \xi_1 & \xi_2\\ \xi_1 & \xi_2 & \xi_3\\ \xi_2 & \xi_3 & \xi_4\end{pmatrix}+\lambda\begin{pmatrix} & & 2\\ & -1 & \\ 2 & & \end{pmatrix}\right]$$
$$=\det\begin{pmatrix}\xi_0 & \xi_1 & \xi_2+2\lambda\\ \xi_1 & \xi_2-\lambda & \xi_3\\ \xi_2+2\lambda & \xi_3 & \xi_4\end{pmatrix}=4\lambda^3-g_2(\xi)\lambda-g_3(\xi)$$
とおく．

命題 1.18 特性多項式の係数

$$g_2(\xi) = \begin{vmatrix} \xi_0 & \xi_2 \\ \xi_2 & \xi_4 \end{vmatrix} - 4 \begin{vmatrix} \xi_1 & \xi_2 \\ \xi_2 & \xi_3 \end{vmatrix} = \xi_0\xi_4 - 4\xi_1\xi_3 + 3\xi_2^2$$

と

$$-g_3(\xi) = \begin{vmatrix} \xi_0 & \xi_1 & \xi_2 \\ \xi_1 & \xi_2 & \xi_3 \\ \xi_2 & \xi_3 & \xi_4 \end{vmatrix} = \xi_0\xi_2\xi_4 - \xi_0\xi_3^2 - \xi_1^2\xi_4 + 2\xi_1\xi_2\xi_3 - \xi_2^3$$

は 2 変数 4 次式の古典不変式である．

［証明］

$$g = \begin{pmatrix} \alpha & \beta \\ \gamma & \delta \end{pmatrix} \in SL(2)$$

は U, V, W を

$$\alpha^2 U + \alpha\beta V + \beta^2 W, \quad 2\alpha\gamma U + (\alpha\delta + \beta\gamma)V + 2\beta\delta W, \quad \gamma^2 U + \gamma\delta V + \delta^2 W$$

に変換するが，これは $4UW - V^2$ を不変にする．すなわち，

$$\begin{pmatrix} & & 2 \\ & -1 & \\ 2 & & \end{pmatrix}$$

に関する直交変換である．よって，行列式は 1 である．g は行列

$$T(\lambda) = \begin{pmatrix} \xi_0 & \xi_1 & \xi_2 \\ \xi_1 & \xi_2 & \xi_3 \\ \xi_2 & \xi_3 & \xi_4 \end{pmatrix} + \lambda \begin{pmatrix} & & 2 \\ & -1 & \\ 2 & & \end{pmatrix}$$

を

$$\begin{pmatrix} \alpha^2 & 2\alpha\gamma & \gamma^2 \\ \alpha\beta & \alpha\delta+\beta\gamma & \gamma\delta \\ \beta^2 & 2\beta\delta & \delta^2 \end{pmatrix} T(\lambda) \begin{pmatrix} \alpha^2 & \alpha\beta & \beta^2 \\ 2\alpha\gamma & \alpha\delta+\beta\gamma & 2\beta\delta \\ \gamma^2 & \gamma\delta & \delta^2 \end{pmatrix}$$

に変換する．よってその行列式である特性方程式を不変にする． ■

注意 (1) λ を特性方程式の解にとると，対応する 2 次式は二つの 1 次式の積に分解する．よって，連立方程式は二つの 2 次方程式に帰着する．これは 4 次方程式の解法の一つである．

(2) 4 次式より定まる楕円曲線

§1.3 2変数古典不変式 — 23

$$\tau^2 = f_\xi(x, y)$$

のJacobi多様体は

$$\tau^2 = 4\lambda^3 - g_2(\xi)\lambda - g_3(\xi)$$

である(§10.3(c)). 幾何的には二つの2次式の線型結合で得られる射影平面内の2次曲線の1次元線型束(pencil)

$$\xi_0 U^2 + 2\xi_1 UV + (\xi_2 - \lambda)V^2 + 2(\xi_2 + 2\lambda)UW + 2\xi_3 VW + \xi_4 W^2 = 0$$

の中に存在する三つの可約2次曲線を求めている(図1.8).

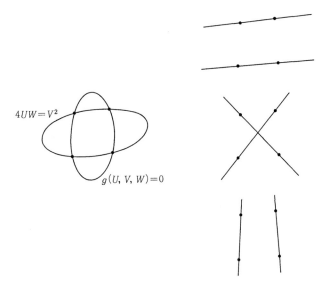

図 **1.8** 線型束の可約元

4次式(1.9)の判別式

$$D(\xi_0, \xi_1, \xi_2, \xi_3, \xi_4) = \begin{vmatrix} \xi_0 & 3\xi_1 & 3\xi_2 & \xi_3 & & \\ & \xi_0 & 3\xi_1 & 3\xi_2 & \xi_3 & \\ & & \xi_0 & 3\xi_1 & 3\xi_2 & \xi_3 \\ \xi_1 & 3\xi_2 & 3\xi_3 & \xi_4 & & \\ & \xi_1 & 3\xi_2 & 3\xi_3 & \xi_4 & \\ & & \xi_1 & 3\xi_2 & 3\xi_3 & \xi_4 \end{vmatrix}$$

は $g_2(\xi)$ と $g_3(\xi)$ でもって,
$$D(\xi) = g_2(\xi)^3 - 27 g_3(\xi)^2$$
と表される.

スカラー行列 $g = \begin{pmatrix} \alpha & 0 \\ 0 & \alpha \end{pmatrix} \in GL(2,k)$ でもって, $g_2(\xi), g_3(\xi)$ は α^8, α^{12} 倍される. よって, 有理式
$$J(\xi) = \frac{g_2^3(\xi)}{D(\xi)}$$
は $GL(2,k)$ でもって不変である. また 2 変数 4 次斉次式
$$f_a(x,y) = a_0 x^4 + 4a_1 x^3 y + 6a_2 x^2 y^2 + 4a_3 xy^3 + a_4 y^4$$
が重解をもたないなら, $J(a)$ が有限の値として定まる. $J(\xi)$ は $GL(2)$ 不変だから, 各 $GL(2)$ 同値類(軌道)上で定数である. 言い替えると
$$J: \{\text{重解をもたない 4 次式}\} \longrightarrow \mathbb{A}^1, \quad f_a(x,y) \mapsto \frac{g_2^3(a)}{D(a)}$$
で各同値類は 1 点にいくが, 逆に次が成立する.

命題 1.19 J の各点の逆像は一つの同値類よりなる.

[証明] 重解をもたない 4 次式は適当な λ を選べば
(1.10) $$(x^2 + y^2)^2 - \lambda(x^2 - y^2)^2$$
と同値である. 実際, まず, 四つの解の二つを $0, \infty$ として, 残りを a, a^{-1} とできる. 次に, Cayley 変換 $z \mapsto (z-1)/(z+1)$ を施して, $-1, 1, k, -k \in \mathbb{P}^1$ とできる. これで, 4 次式は
$$(x^2 - y^2)(x^2 - k^2 y^2)$$
となった. 最後に y を適当に定数倍で置き換えれば上の形になる. 4 次式(1.10)に対する, J の値は
$$\frac{4(\lambda^2 - \lambda + 1)^3}{27 \lambda^2 (\lambda - 1)^2}$$
である.
$$\frac{(\lambda^2 - \lambda + 1)^3}{\lambda^2 (\lambda - 1)^2} = \frac{(\lambda'^2 - \lambda' + 1)^3}{\lambda'^2 (\lambda' - 1)^2}$$

となるのは

(1.11) $\lambda' = \lambda,\ \dfrac{1}{1-\lambda},\ \dfrac{\lambda-1}{\lambda},\ \dfrac{1}{\lambda},\ 1-\lambda,\ \dfrac{\lambda}{\lambda-1}$

のときである．(1.10)は変換
$$x \mapsto x/\sqrt[4]{i\lambda}, \quad y \mapsto y/\sqrt[4]{-i\lambda}$$
でもって，
$$(x^2+y^2)^2 - \frac{1}{\lambda}(x^2-y^2)^2$$
に移る．また，変換
$$x \mapsto \frac{1}{\sqrt{2}}(x+y), \quad y \mapsto \frac{1}{\sqrt{2}}(x-y)$$
でもって，
$$(\lambda-1)(x^2+y^2)^2 - \lambda(x^2-y^2)^2$$
に移る．よって，$\lambda' = \lambda^{-1}$ や $\lambda' = \lambda/(\lambda-1)$ のとき，両者は移り合う．他の場合も同様である(演習問題 1.3 を参照)． ∎

これで，1 次元アフィン直線 A^1 が重解のない 2 変数 4 次式の $GL(2)$ 同値類のパラメータ空間であることが示せた．しかし，このように，具体的に不変式環がわかることは稀である．また，上の証明のようなことも一般には望めない．それにもかかわらず，モジュライ空間を代数多様体として構成できる．これを示すのがこれからの目標である．

注意 証明の中の 4 次式は例 1.10 の不変 4 次式に外ならない．これは主偏極 Abel 多様体に関係する Heisenberg 群不変 4 次式の最も簡単な場合である．

斉次式の $SL(2)$ 同値類も重要である．写像
$$\Psi : \{斉次 4 次式\} \longrightarrow \mathbb{C}^2, \quad f_a(x,y) \mapsto (g_2(a), g_3(a))$$
を考えよう．$g_2(\xi), g_3(\xi)$ が古典不変式だから，これは $SL(2)$ 同値類(行列式 1 の変換で移り合うもの全体)を 1 点に写すが，逆に次が成立する．

命題 1.20 斉次 4 次方程式 $f_a(x,y) = 0$ と $f_b(x,y) = 0$ はどちらも重解をもたないとする．このとき，

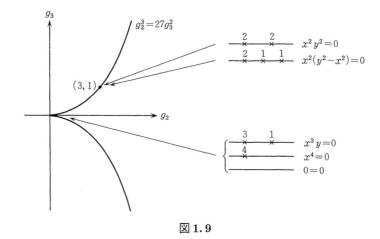

図 1.9

$$g_2(a) = g_2(b), \quad g_3(a) = g_3(b)$$

なら f_a と f_b は $SL(2)$ による変数変換で移り合う. □

これは命題 1.19 からも，また，第 5 章での一般論よりも従う (例 5.26). しかし，$f_a(x,y) = 0$ も $f_b(x,y) = 0$ も重解をもつと，命題は成立しない．実際，$6x^2y^2$ と $6x^2(y^2-x^2)$ は Ψ でもって同じ点 $(3,1)$ に行くが，$SL(2)$ 同値ではない．$x^3y, x^4, 0$ も原点に移るが，どの二つも $SL(2)$ 同値ではない．この事情も一般的な設定で第 5 章で説明されるだろう．

§1.4 平面曲線

多項式が代数的な対象とすれば，それに形を与えるのが平面曲線や(超)曲面である．

(a) アフィン平面曲線

例えば，$f(x,y) = y^2 - x^2 - x^3$ の零点集合 $f(x,y) = 0$ (図 1.10) は我々の直感に訴えて種々のことを考えさせてくれる．まず，特異点が目につく．次のよく知られた事実を思い出そう．

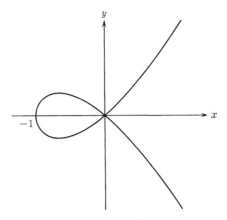

図 1.10 アフィン平面曲線 $y^2-x^2-x^3=0$

定理 1.21（陰関数） $f(a,b)=0$ で偏微分係数 $\dfrac{\partial f}{\partial y}(a,b)$ が零でないならば，$f(x,y)=0$ は局所的に y に関して解ける．すなわち，正の数 ϵ, δ と解析的関数
$$Y\colon \{|z-a|<\epsilon\} \longrightarrow \{|w-b|<\delta\}$$
でもって，$f(z,Y(z))=0$ をみたし，しかも
$$\{|z-a|<\epsilon\} \longrightarrow \{|z-a|<\epsilon\}\times\{|w-b|<\delta\}, \quad z\mapsto (z,Y(z))$$
は曲線 $C\colon f(z,w)=0$ の点 (a,b) での近傍への同型であるものが存在する．□

x に関する偏微分係数が零でないときも同様である．この場合には，局所的に x を y で表すことができる．このように x や y を局所座標としてとることができるとき非特異，そうでないとき (a,b) は曲線 C の特異点という．

定義 1.22 アフィン平面 $\mathbb{A}^2$ 内の曲線
$$C\colon f(x,y)=0$$
の点 (a,b) は
$$\frac{\partial f}{\partial x}(a,b)=\frac{\partial f}{\partial y}(a,b)=0$$
のとき，**特異点**(singular point)であるという． □

定義より，特異点の集合は 3 個の多項式 $f(x,y), \dfrac{\partial f}{\partial x}(x,y), \dfrac{\partial f}{\partial y}(x,y)$ の共

通零点集合である.

例 1.23 上に挙げた $f(x,y)=y^2-x^2-x^3$ の場合だと, 連立方程式
$$y^2-x^2-x^3=-2x-3x^2=2y=0$$
の解である $(0,0)$ が唯一の特異点である. □

定義多項式の (a,b) での Taylor 展開を
$$f(x,y)=f(a,b)+f_x(a,b)(x-a)+f_y(a,b)(y-b)$$
$$+f_{xx}(a,b)\frac{(x-a)^2}{2}+f_{xy}(a,b)(x-a)(y-b)+f_{yy}(a,b)\frac{(y-b)^2}{2}+\cdots$$
とする. 点 (a,b) が特異点であるとは, この展開の定数項と 1 次の項が消えることである. そこで次のように一般化しておく.

定義 1.24

（ⅰ） $(m-1)$ 階以下の偏微分係数が全て消えるとき, すなわち,
$$\frac{\partial^{i+j}f}{\partial x^i \partial y^j}(a,b)=0, \quad 0\leqq i+j\leqq m-1$$

が成立するとき, (a,b) は曲線 $C:f(a,b)=0$ の（少なくとも）m 重の点であるという.

（ⅱ） (a,b) が m 重の点で $(m+1)$ 重ではないとき, C のそこでの**重複度**（multiplicity）は m であるという. □

最も簡単な特異点は重複度が 2 の場合である. このとき, 偏微分係数を係数とする 2 次方程式
$$f_{xx}(a,b)\xi^2+2f_{xy}(a,b)\xi\eta+f_{yy}(a,b)\eta^2=0$$
を考える.

定義 1.25 曲線 C の 2 重点 (a,b) は上の 2 次方程式が重解をもたないとき, **通常 2 重点**（ordinary double point）という. □

例 1.23 の曲線の原点は通常 2 重点である. 通常ではない 2 重点の例としては
$$y^2=x^{n+1}, \quad n\geqq 2$$
（の原点）がある. これは A_n 型の**単純特異点**と呼ばれる. $n=2$ のときは**尖点**（cusp）とも呼ばれる.

(b) 射影平面曲線

次に, 2変数多項式 $f(x,y)$ のかわりに非零3変数斉次多項式
$$f(x,y,z) = \sum_{i+j+k=d} a_{ijk} x^i y^j z^k, \quad a_{ijk} \in k$$
の幾何を考えよう. $f(a,b,c)=0$ なら座標を一斉に定数倍した $f(\alpha a, \alpha b, \alpha c)$ も零である. よって, 斉次多項式を調べるには, 射影平面
$$\mathbb{P}^2 = \{(a:b:c) \mid (a,b,c) \neq (0,0,0)\}$$
における零点集合
$$\mathbb{P}^2 \supset C : f(x,y,z) = 0$$
を考察するのが自然である. $\mathbb{P}^2$ は次の3枚のアフィン平面
$$U_1 = \{(1:b:c)\}, \quad U_2 = \{(a:1:c)\}, \quad U_3 = \{(a:b:1)\}$$
を貼り合わせた多様体である. よって, 射影曲線 C は3つのアフィン曲線
$$\mathbb{A}^2 \simeq U_1 \supset C_1 : f(1,y,z) = 0$$
$$\mathbb{A}^2 \simeq U_2 \supset C_2 : f(x,1,z) = 0$$
$$\mathbb{A}^2 \simeq U_3 \supset C_3 : f(x,y,1) = 0$$
を貼り合わせたものである.

例 1.26 $f(x,y,z) = y^2 z - x^2 z - x^3$ のときを考えよう. 射影曲線
$$C : y^2 z - x^2 z - x^3 = 0$$
は $(1:0:0)$ を通らないので, 二つのアフィン曲線
$$U_2 \supset C_2 : z - x^2 z - x^3 = 0$$
$$U_3 \supset C_3 : y^2 - x^2 - x^3 = 0$$
を同型射
$$C_2 \setminus \{x = z = 0\} \longrightarrow C_3 \setminus \{x = y = 0\} \setminus \{x-1 = y = 0\},$$
$$(x,z) \mapsto \left(\frac{x}{z}, \frac{1}{z}\right)$$
で貼り合わせたもの (代数多様体) である. □

射影平面曲線の特異点を調べるには, 各アフィン曲線 C_i の特異点を調べればよい. 例1.23で見たように, C_3 は原点で特異である. C_2 は非特異であ

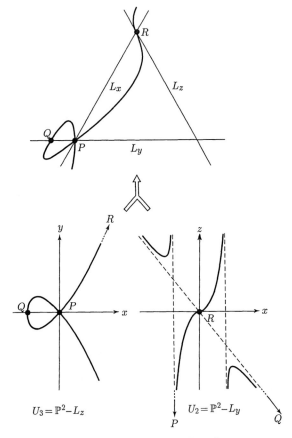

図 1.11 射影曲線 $y^2z - x^2z - x^3 = 0$

る.よって,射影曲線 C は $(0:0:1)$ で通常 2 重点をもち,外では非特異な 3 次曲線である.

斉次式 $f(x,y,z)$ から特異点集合を見つけるには次が便利である.

命題 1.27 平面曲線 $C: f(x,y,z) = 0$ の特異点集合は $f(x,y,z)$ の偏微分の共通零点集合

$$\left\{ (a:b:c) \;\middle|\; \frac{\partial f}{\partial x}(a,b,c) = \frac{\partial f}{\partial y}(a,b,c) = \frac{\partial f}{\partial z}(a,b,c) = 0 \right\}$$

と一致する.

[証明] 曲線 C, すなわち, $f(x,y,z)$ の次数を d とするとき, Euler の恒等式

$$x\frac{\partial f}{\partial x} + y\frac{\partial f}{\partial y} + z\frac{\partial f}{\partial z} = d \cdot f(x,y,z)$$

が成立する. よって, 命題の共通零点集合は

$$f(x,y,z), \quad \frac{\partial f}{\partial x}(x,y,z), \quad \frac{\partial f}{\partial y}(x,y,z)$$

のそれと一致するが, これはアフィン平面 U_3 内の曲線 $C_3 = U_3 \cap C : f(x,y,1) = 0$ の特異点集合である. 他の U_1, U_2 についても同様である. ∎

例えば, 上の例 $f(x,y,z) = y^2z - x^2z - x^3$ の場合だと, 特異点集合は連立方程式

$$-2xz - 3x^2 = 2yz = y^2 - x^2 = 0$$

の解, すなわち $(0:0:1)$ だけである. 次も上と同様に証明できる.

命題 1.28 点 $(a:b:c)$ が曲線 $C : f(x,y,z) = 0$ の m 重点であることと $m-1$ 階の偏微分係数が全て消える, すなわち,

$$\frac{\partial^{m-1} f}{\partial x^i \partial y^j \partial z^k}(a,b,c) = 0, \quad i+j+k = m-1$$

とは同値である. □

Euclid 幾何学が回転と平行移動で不変な図形の性質を調べるように, 射影幾何学では射影変換で不変な図形の性質を調べる. 射影座標のとり方によらない性質といっても同じである. 平面曲線 $C : f(x,y,z) = 0$ の場合, 射影変換を施す, または, 別の斉次座標系に移ると, その定義方程式は

(1.12) $\quad f_1(x,y,z) = f(ax+by+cz, a'x+b'y+c'z, a''x+b''y+c''z)$

に変わる. ただし,

$$\begin{pmatrix} a & b & c \\ a' & b' & c' \\ a'' & b'' & c'' \end{pmatrix} \in GL(3, \mathbb{C})$$

は正則行列である. よって, 平面曲線の射影幾何とは, 斉次多項式の性質で

正則行列による変換で不変なものを調べることになる．このような性質で代表的なものが特異点である．曲線はその定義方程式が低次のものの積に分解しないときに既約であるというが，これも変換で不変な性質である．

定義 1.29 二つの平面曲線は，定義方程式がある正則行列による変換で移り合うとき，**射影同値**であるという． □

これは明らかに同値関係であるが，この同値関係による2次曲線の分類は§1.1の問題よりも簡単である．平面射影2次曲線を
$$C: a_{11}x^2 + a_{22}y^2 + a_{33}z^2 + 2a_{12}xy + 2a_{13}xz + 2a_{23}yz = 0$$
と表そう．これの係数を成分とする対称行列を
$$A = \begin{pmatrix} a_{11} & a_{12} & a_{13} \\ a_{21} & a_{22} & a_{23} \\ a_{31} & a_{32} & a_{33} \end{pmatrix}, \quad a_{ji} = a_{ij}$$
とするとき，定義式は
$$(x, y, z) A \begin{pmatrix} x \\ y \\ z \end{pmatrix} = 0$$
と表される．(1.12)の座標変換は対称行列 A を
$$\begin{pmatrix} a & a' & a'' \\ b & b' & b'' \\ c & c' & c'' \end{pmatrix} A \begin{pmatrix} a & b & c \\ a' & b' & c' \\ a'' & b'' & c'' \end{pmatrix}$$
に変換する．よって，よく知られた線型代数の定理より次を得る．

命題 1.30 (複素数体上の)平面2次曲線の射影同値類は対応する対称行列の階数のみで定まる． □

階数は $3, 2, 1$ の3種類しかない．3のときは $xz - y^2 = 0$ と射影同値である．階数2のときは $xz = 0$ と射影同値だから C は異なる2直線の和である．階数1のときは $y^2 = 0$ で2重直線である．

2次曲線では可約であることと特異であることが同値であるが，これは特殊事情である．3次既約特異曲線を分類しておこう．一つは既に例1.26で見たが，もう一つある．

階数3　　　階数2　　　階数1

図 1.12

命題 1.31 既約3次曲線で特異なものは次のどちらかと射影同値である．
（i）　$y^2z = x^3$．
（ii）　$y^2z = x^3 - x^2z$．

[証明] 特異点が $(0:0:1)$ となるように斉次座標をとる．C の定義方程式は単項式 z^3, yz^2, xz^2 を含まない．よって，x と y の2次式 q，3次式 d でもって
$$f(x,y,z) = zq(x,y) + d(x,y)$$
と表される．既約性より，この2次式 $q(x,y)$ は零でない．よって，座標 x,y をそれらの1次変換で取り替えて
$$q(x,y) = xy,\ y^2$$
のどちらかとしてよい．前者の場合，$d(x,y)$ は単項式 x^3, y^3 をどちらも含む．（そうでないと C が可約になってしまう．）z を $z + ax + by$ で置き換えて，
$$f(x,y,z) = xyz + \{d(x,y) + ax^2y + bxy^2\}$$
となる．定数 a,b をうまくとることにより，$\{\ \}$ の中は1次式の3乗にできる．よって，(ii) の形になった．

後者の場合，$d(x,y)$ は x^3 を含む．x を $x + ky$ に置き換えて，定数 k をうまく選ぶことにより，$d(x,y)$ から x^2y を消すことができる．よって，
$$f(x,y,z) = y^2z + ax^3 + bxy^2 + cy^3 = y^2(z + bx + cy) + ax^3$$
となるから，$z + bx + cy$ を新しい変数 z，$\sqrt[3]{a}x$ を新しい x とすることにより，(i) を得る．

(i) の方は二つのアフィン曲線
$$U_2 \supset C_2 : z = x^3 \quad \text{と} \quad U_3 \supset C_3 : y^2 = x^3$$
を同型射

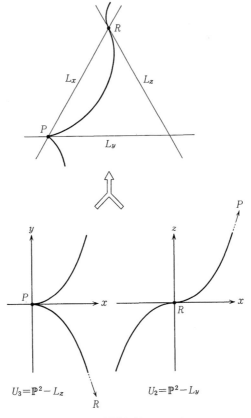

図 1.13 射影曲線 $y^2z - x^3 = 0$

$$C_2 \setminus \{x = z = 0\} \longrightarrow C_3 \setminus \{x = y = 0\}, \quad (x, z) \mapsto \left(\frac{x}{z}, \frac{1}{z}\right)$$

で貼り合わせたものである. ∎

§1.5 平行4辺形と3次曲線

モジュライとして意味のある最初の平面曲線は3次曲線である. 視点を変えて2重周期関数の方から調べよう.

(a) 格子の不変量

複素平面内で，原点を一つの頂点とする平行4辺形を考えよう．これの四つの頂点を

$$0, \quad \omega_1, \quad \omega_2, \quad \omega_1+\omega_2$$

とおく．

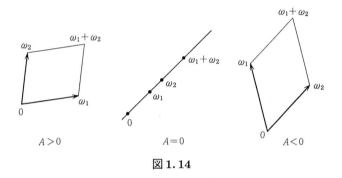

図 1.14

この平行4辺形の面積は

$$A = \operatorname{Im}(\overline{\omega_1}\omega_2) = \frac{\overline{\omega_1}\omega_2 - \omega_1\overline{\omega_2}}{2\sqrt{-1}}$$

の絶対値と等しい．ただし，$\operatorname{Im} z$ は複素数 z の虚数部分を表す．（A 自身の値を有向面積という．）正の向きをもった平行4辺形の全体は

$$\widetilde{\mathfrak{H}} = \{(\omega_1, \omega_2) \mid A(\omega_1, \omega_2) > 0\} \subset \mathbb{C}^2$$

でパラメータ付けられている．$A \neq 0$ のときは，この平行4辺形とその平行移動したものでもって，平面をすき間なく覆い尽くすことができる．このとき，平行4辺形の頂点の全体は階数2の自由 Abel 群になる．これを**格子** (lattice) という．平行4辺形からは格子が決まるが，逆は正しくない．一つの格子に対して，それの基底をとることと平行4辺形を与えることが同値である．

言い替えると，$\mathbb{C}^2$ に $GL(2, \mathbb{Z})$ が

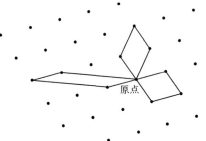

図 1.15 格子と基本領域

$$(\omega_1, \omega_2) \mapsto (a\omega_1 + b\omega_2, c\omega_1 + d\omega_2), \quad \begin{pmatrix} a & b \\ c & d \end{pmatrix} \in GL(2, \mathbb{Z})$$

で作用していて，この作用による商空間が格子のパラメータ空間である．正の向きのものだけに限れば，上の$\widetilde{\mathfrak{H}}$にモジュラー群$SL(2,\mathbb{Z})$が作用し，それの商が(非退化)格子のパラメータ空間である．

群$SL(2,\mathbb{Z})$は有限でも連続でもない無限離散群であるが，これの商も不変式(不変正則関数)で構成される．最も基本的なものは偶数$2k \geq 4$に対するEisenstein 級数

$$G_{2k}(\omega_1, \omega_2) = \sum_{(m,n)}{}' \frac{1}{(m\omega_1 + n\omega_2)^{2k}}$$

である．ただし，ここで(m,n)は$(0,0)$でない全ての整数対を走る．格子$\Gamma \subset \mathbb{C}$を使って書けば，

$$G_{2k}(\Gamma) = \sum_{0 \neq \gamma \in \Gamma} \frac{1}{\gamma^{2k}}$$

である．($2k \geq 3$のとき級数が絶対収束する．また$2k$が奇数ならG_{2k}は恒等的に零である．)

定義 1.32 $\widetilde{\mathfrak{H}}$上の$SL(2,\mathbb{Z})$不変な正則関数$F(\omega_1, \omega_2)$で，全ての$\alpha \in \mathbb{C}^*$に対して

$$F(\alpha\omega_1, \alpha\omega_2) = \alpha^{-w} F(\omega_1, \omega_2)$$

をみたすものを**重み w の保型関数**(斉次表示)という. □

注意 (1) 格子 Γ に複素数 $\alpha \neq 0$ を掛けることは,それを回転したり相似拡大(と縮小)したりすることに対応している. $\mathbb{C}^*$ の作用 $\Gamma \mapsto \alpha\Gamma$ はモジュラー群 $SL(2, \mathbb{Z})$ の作用と可換である.

(2) $\omega_1 = \tau$, $\omega_2 = 1$ に制限することにより,下半平面
$$\mathfrak{H}^- = \{\operatorname{Im} z < 0\}$$
上の正則関数で
$$f(\tau) = (c\tau + d)^{-w} f\left(\frac{a\tau + b}{c\tau + d}\right)$$
をみたすものが得られる.逆にこれをみたす $f(\tau)$ に対して
$$F(\omega_1, \omega_2) = \omega_2^w f\left(\frac{\omega_1}{\omega_2}\right)$$
とおいたものは上の定義をみたす.よって,通常の意味の保型関数(非斉次表示)と同値な概念である.

(3) Riemann–Roch の公式,または,跡公式より保型形式環(不変正則関数の環)の Poincaré 級数は
$$\frac{1}{(1-t^4)(1-t^6)}$$
に等しい.よって,この環は G_4 と G_6 で生成される.

Eisenstein 級数は重み $2k$ の保型関数である. G_4 と G_6 による正則写像
$$\widetilde{\mathfrak{H}} \longrightarrow \mathbb{C}^2, \quad (\omega_1, \omega_2) \mapsto (60 G_4(\omega_1, \omega_2), 140 G_6(\omega_1, \omega_2))$$
を考えよう.明らかにこれは商空間(商複素多様体) $\widetilde{\mathfrak{H}}/SL(2, \mathbb{Z})$ を経由する.

定理 1.33 正則写像
$$(1.13) \quad \widetilde{\mathfrak{H}}/SL(2, \mathbb{Z}) \longrightarrow \mathbb{C}^2, \quad [\Gamma] \mapsto (u, v) = (60 G_4(\Gamma), 140 G_6(\Gamma))$$
は開集合 $u^3 - 27v^2 \neq 0$ への単射である. □

(b) $\wp$ 関数

Weierstrass の $\wp$ 関数

$$\wp(z) = \wp(z:\omega_1,\omega_2) = \frac{1}{z^2} + \sum_{(m,n)}{}' \left\{ \frac{1}{(z-m\omega_1-n\omega_2)^2} - \frac{1}{(m\omega_1+n\omega_2)^2} \right\}$$

あるいは

$$\wp_\Gamma(z) = \wp(z) = \frac{1}{z^2} + \sum_{0\ne\gamma\in\Gamma} \frac{1}{(z-\gamma)^2} - \frac{1}{\gamma^2}$$

を使って定理 1.33 を証明しよう．$\wp(z)$ は格子点で 2 位の極をもつがそれ以外では正則な 2 重周期有理型関数である．また原点での Laurent 展開は

$$\wp(z) = \frac{1}{z^2} + \sum_{n=1}^{\infty} (2n+1) G_{2n+2}(\omega_1,\omega_2) z^{2n}$$

で与えられる[*4]．2 重周期関数

$$f(z+\omega_1) = f(z+\omega_2) = f(z)$$

に関しては次が基本的である．

定理 1.34（Liouville） $f(z)$ は複素平面上の 2 重周期有理型関数とする．

（ⅰ） いたるところで正則なら $f(z)$ は定数である．

（ⅱ） 一つの周期平行 4 辺形内での留数の和は零である．

（ⅲ） 一つの周期平行 4 辺形内での零点の個数と極の個数は等しい．

（ⅳ） 一つの周期平行 4 辺形内での $f(z)$ の零点を $u_1,\cdots,u_n$，極を $v_1,\cdots,v_n$ とするとき，

$$u_1+\cdots+u_n-v_1-\cdots-v_n \in \Gamma$$

である．

ただし，(ⅲ), (ⅳ) においては極，零点ともに重複度を込めて数える．

［証明］ (ⅰ) は

$$f(z) = \frac{1}{2\pi} \int_0^{2\pi} f(re^{i\theta}) d\theta$$

より正則関数が内点で最大値をとらないことから従う．(ⅱ), (ⅲ), (ⅳ) はそれぞれ

[*4] $\wp(z:\omega_1,\omega_2)$ は Eisenstein 級数の母関数で，モジュライの τ 世界と 2 重周期の z 世界を結び付けている．

$$f(z), \quad \frac{f'(z)}{f(z)}, \quad \frac{zf'(z)}{f(z)}$$

を周期平行 4 辺形の周上で積分すればよい.

$\wp(z)$ の微分

$$\wp'(z) = -2\left[\frac{1}{z^3} + \sum_{0 \neq \gamma \in \Gamma} \frac{1}{(z-\gamma)^3}\right]$$

$$= -\frac{2}{z^3} - \sum_{n=1}^{\infty} 2n(2n+1)G_{2n+2}(\omega_1, \omega_2)z^{2n-1}$$

はやはり 2 重周期有理型関数で格子点で 3 位の極をもつ.

$$g_2(\Gamma) = 60G_4(\omega_1, \omega_2), \quad g_3(\Gamma) = 140G_6(\omega_1, \omega_2)$$

とおいて,

$$f(z) = \wp'(z)^2 - 4\wp(z)^3 + g_2(\Gamma)\wp(z) + g_3(\Gamma)$$

の原点での展開を計算すると, これは原点でも正則でそこでの値は零である. よって, Liouville の定理の(i)より次の恒等式を得る.

(1.14) $$\wp'(z)^2 = 4\wp(z)^3 - g_2(\Gamma)\wp(z) - g_3(\Gamma).$$

補題 1.35 2 変数多項式 $f(X, Y)$ に $X = \wp(z), Y = \wp'(z)$ を代入して零なら, $f(X, Y)$ は $Y^2 - 4X^3 + g_2 X + g_3$ で割り切れる.

[証明] $f(X, Y)$ を Y の多項式と思って $Y^2 - 4X^3 + g_2 X + g_3$ で割り算した余りを $r(X, Y)$ とする. これは Y に関して高々 1 次で $r(\wp(z), \wp'(z)) \equiv 0$ が成立する. $\wp'(z)$ は奇関数なので偶関数 $\wp(z)$ の有理式では表せない. よって $r(x, y)$ も零である.

補題 1.36 (1.14)の右辺に対応する 3 次方程式 $4X^3 - g_2 X - g_3 = 0$ は重解をもたない. ゆえにその判別式 $g_2^3 - 27g_3^2$ は零でない.

[証明] 重解を α とすると(1.14)は

$$\wp'(z)^2 = 4(\wp(z) - \alpha)^2(\wp(z) + 2\alpha)$$

となり,

$$\left(\frac{\wp'(z)}{\wp(z) - \alpha}\right)^2 = 4(\wp(z) + 2\alpha)$$

を得る. よって, $\wp'(z)/(\wp(z) - \alpha)$ は格子点で 1 位の極をもち外では正則な 2

重周期関数である.これは定理1.34の(ii)に矛盾する.

[定理1.33の証明] (1.14)の両辺を微分して

$$(1.15) \qquad \wp''(z) = 6\wp(z)^2 - \frac{1}{2}g_2(\Gamma)$$

を得る.両辺の原点での Laurent 展開の係数を比較して次を得る.

$$\frac{1}{z^4} + \sum_{k=2}^{\infty} \binom{2k-1}{3} G_{2k} z^{2k-4} = \left(\frac{1}{z^2} + \sum_{k=2}^{\infty} (2k-1) G_{2k} z^{2k-2} \right)^2 - 5G_4$$

これより,次の漸化式を得る.

$$(1.16) \qquad G_{2k} = \frac{3}{(2k-1)(2k+1)(k-3)} \sum_{\substack{i+j=k,\\ i,j \geq 2}} (2i-1)(2j-1) G_{2i} G_{2j}, \quad k \geq 4$$

よって,$G_{2k}, k \geq 4$ は G_4 と G_6 の多項式で表される.例えば,

$$G_8 = \frac{3}{7} G_4^2, \quad G_{10} = \frac{5}{11} G_4 G_6$$

である.二つの格子 Γ, Γ' に対して,

$$G_4(\Gamma) = G_4(\Gamma'), \quad G_6(\Gamma) = G_6(\Gamma')$$

ならば,一致の定理により $\wp_\Gamma(z) = \wp_{\Gamma'}(z)$ が全平面で成立する.よって,$\wp$ 関数の極の位置として $\Gamma = \Gamma'$ を得る.すなわち (1.13) は単射である.曲線 $u^2 = 27v^3$ の補集合に入ることは補題1.36より従う. ∎

(c) $\wp$ 関数と3次曲線

複素平面から射影平面への正則写像

$$(1.17) \qquad \mathbb{C} \longrightarrow \mathbb{P}^2, \quad z \mapsto (\wp(z) : \wp'(z) : 1)$$

を考えよう.

$\wp(z)$ は2重周期関数だから,この写像は商 Riemann 面 $\mathbb{C}/\Gamma$ を経由する.(1.14)により,これの像は3次曲線

$$(1.18) \qquad Y^2 Z = 4X^3 - g_2 X Z^2 - g_3 Z^3$$

に含まれる.原点 $z=0$ は $\wp(z), \wp'(z)$ の2位,3位の極だから,$\phi(z) = (0:$

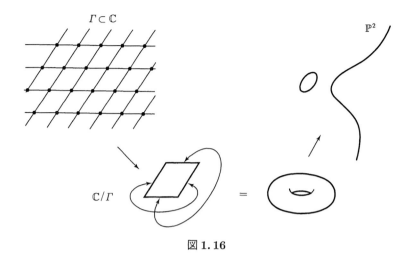

図 1.16

1:0) であるが，この点は 3 次曲線の**変曲点**である．すなわち，接線 $Z=0$ はここで曲線と 3 重に交わり，他に交点はない．この曲線は命題 1.27 と補題 1.36 より非特異である．商 $\mathbb{C}/\Gamma$ も 3 次曲線もコンパクト Riemann 面だからこれは同型写像である．

例 1.37 $\omega_1 = 1$ とする．$\omega_2 = \sqrt{-1}$ のときは $G_6(\Gamma) = 0$ なので，商 Riemann 面 $\mathbb{C}/\Gamma$ は 3 次曲線 $Y^2 Z = 4X^3 - XZ^2$ と同型である．また $\omega_2 = (-1+\sqrt{-3})/2$ のときは $G_4(\Gamma) = 0$ で $Y^2 Z = 4X^3 - Z^3$ と同型になる． □

(1.18) は 2 価関数 $\sqrt{4z^3 - g_2 z - g_3}$ の Riemann 面でもある．よって，その上の閉曲線 α に沿った線積分 (楕円積分)

$$\int_\alpha \frac{dz}{\sqrt{4z^3 - g_2 z - g_3}}$$

でもって格子が復元できる (ただし，z は複素平面 $\mathbb{C}$ の座標で (1.18) の X/Z に対応する)．∎

実際，α を全て (のホモロジー類で) 動かすことにより $\mathbb{C}$ の部分群 Γ が得られるが，この対応 $(g_2, g_3) \mapsto \Gamma$ が写像 (1.13) の逆を与えている．これが定理 1.33 のより強い形で，保型関数と周期写像が最も奇麗に結び付いている場合である．この種の話を一般の代数多様体にどう拡張するかもモジュライ

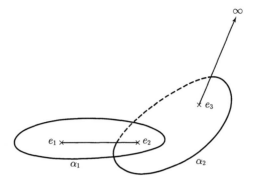

図 1.17 $\sqrt{4z^3-g_2z-g_3}$ の Riemann 面. e_1, e_2, e_3 は $4z^3-g_2z-g_3=0$ の三つの解である.

理論の中心テーマの一つである.

最後に $\wp$ 関数と 3 次曲線の退化の関係を見ておこう. 格子 Γ を複素数倍 $\alpha\Gamma$ して, $|\alpha|\to\infty$ の極限を考えよう. Eisenstein 級数 $g_k(\Gamma)$ は零に収束する. $\wp$ 関数は

$$\wp(z) \to \frac{1}{z^2}, \quad \wp'(z) \to -\frac{2}{z^3}$$

に, 正則写像 (1.17) は

$$\mathbb{C} \longrightarrow \mathbb{P}^2, \quad z \mapsto (z:-2:z^3)$$

に収束する. この正則写像の像は特異 3 次曲線

$$Y^2Z = 4X^3$$

から特異点 $(0:0:1)$ を除いたものである.

次に周期の一つを固定, 例えば $\omega_1=\pi$ として, もう一つの周期を膨張させる. $\omega_2 \mapsto k\omega_2$ として $k\to\infty$ の極限を考える. このとき, $\wp$ 関数は

$$\wp(z) \to \frac{1}{z^2} + \sum_{\substack{n\in\mathbb{Z} \\ n\neq 0}} \frac{1}{(z-n\pi)^2} - \sum_{\substack{n\in\mathbb{Z} \\ n\neq 0}} \frac{1}{(n\pi)^2} = \frac{1}{\sin^2 z} - \frac{1}{3}$$

$$\wp'(z) \to \frac{-2\cos z}{\sin^3 z}$$

に, 射 (1.17) は

$$\mathbb{C} \longrightarrow \mathbb{P}^2, \quad z \mapsto \Big(\frac{1}{\sin^2 z} - \frac{1}{3} : \frac{-2\cos z}{\sin^3 z} : 1\Big)$$

に収束する.この射は $\mathbb{C}/\mathbb{Z}\pi \simeq \mathbb{C}^*$ を経由する.そして,像は特異 3 次曲線

$$Y^2 Z = 4\Big(X + \frac{1}{3}Z\Big)^2 \Big(X - \frac{2}{3}Z\Big)$$

からやはり特異点 $(-1/3:0:1)$ を除いたものである.このように命題 1.31 の (i) は $g_2 g_3$-平面の原点に,(ii) は曲線 $g_2^3 = 27 g_3^2$ に対応し,さらに $\wp$ 関数の極限がうまく対応している.

注意 非特異 3 次曲線はいつもちょうど 9 個の変極点をもつ.この一つを $(0:1:0)$ としそこでの接線が $Z=0$ となるような射影座標を使ってその定義式を (1.18) の形にできる.また 9 個の変曲点が

$$(-1:\omega^i:0), \quad (-1:0:\omega^i), \quad (0:-1:\omega^i), \quad i=0,1,2$$

になるような射影座標がとれて,その定義式を

$$X^3 + Y^3 + Z^3 - 3\lambda XYZ = 0, \quad \lambda \neq 1, \omega, \omega^2, \infty$$

と正規化することもできる (Hesse の標準型).ただし,ω は 1 の虚数立方根である.

《要約》

1.1 Euclid 平面内の 2 次曲線の場合に不変式を使ってパラメータ空間を構成し,離心率との関係を見た.

1.2 有限群が多項式環に線型に作用するとき,その不変式環の Poincaré 級数を与える Molien の公式を証明した.

1.3 代数群が作用するときの不変式環の例として 2 変数 4 次斉次式の場合を考察した.

1.4 第 3 章の準備として,曲線の特異点や重複度を復習した.また,射影曲線が二つのアフィン曲線の貼り合わせで得られることを見た.

1.5 有限群でも (連結) 代数群でもない場合の商空間の例として,複素平面内の格子のパラメータ空間を考えた.この場合には Eisenstein 級数が $SL(2,\mathbb{Z})$ の不変式であり,それらのうちの二つを使って格子が同値であるかどうかを判定す

ることができる.

―――― 演習問題 ――――

1.1 ベクトル空間の自分自身への線型写像 $E: V \longrightarrow V$ は $E^2 = E$ のとき,射影という.このとき,E の像空間の次元は E のトレースに等しいことを示せ.

1.2
$$\begin{vmatrix} \xi_0 & \xi_1 & \xi_2 & \xi_3 \\ \xi_1 & \xi_2 & \xi_3 & \xi_4 \\ \xi_2 & \xi_3 & \xi_4 & \xi_5 \\ \xi_3 & \xi_4 & \xi_5 & \xi_6 \end{vmatrix}$$

は2変数6次斉次式
$$f_\xi(x,y) = \xi_0 x^6 + 6\xi_1 x^5 y + 15\xi_2 x^4 y^2 + 20\xi_3 x^3 y^3 + 15\xi_4 x^2 y^4 + 6\xi_5 xy^5 + \xi_6 y^6$$
の古典不変式であることを示せ.

1.3
(1) (1.11)が定める六つの1次分数変換は合成に関して群になることを示せ.また,その群は3次対称群と同型であることを示せ.

(2) この作用による1変数有理式体 $\mathbb{C}(\lambda)$ の不変体は
$$\frac{(\lambda^2 - \lambda + 1)^3}{\lambda^2 (\lambda - 1)^2}$$
で生成されることを示せ.

2

環と多項式

理論全体で重要な役割を担う代数的知識の中から，Hilbert の基定理，一意分解性と付値環を復習する．最終節では不変式環が有限生成にならない例を構成する．

§2.1 基 定 理

Hilbert の有限生成性定理(第 4 章)の鍵である基定理から話を始めよう．Hilbert の原論文[H90]では，イデアルという言葉は使われていないが，そこに書かれているのに近い形で定理を述べよう．環 S の部分集合 J は
$$x \in S,\ y \in J \Longrightarrow xy \in J, \quad y, z \in J \Longrightarrow y \pm z \in J$$
をみたすときイデアルであると教わるが，次の方が我々の感覚により合っている．

定義 2.1 S の部分集合 $Y = \{y_\lambda \mid \lambda \in \Lambda\}$ に対して，それらの S 係数線型結合
$$\sum_\lambda x_\lambda y_\lambda \quad (\text{有限和．すなわち，有限個を除いて } x_\lambda = 0 \text{ である．})$$
の全体は S のイデアルである．これを Y で**生成されるイデアル**と呼ぶ． □

これは，ベクトル空間の中でベクトルの集合から生成される部分ベクトル空間とよく似た概念である．Y が $y_1, \cdots, y_m$ よりなる有限集合の場合には，上

のイデアルを $(y_1, \cdots, y_m)$ で表そう．こう表すことができるイデアルは有限生成と呼ばれる．

定理 2.2 S は(可換)体 k 上の多項式環 $k[x_1, \cdots, x_n]$ で，J は S の部分集合 Y で生成されるイデアルとする．このとき，Y の有限個の元 $y_1, \cdots, y_n$ でもって，既に J を生成しているものが存在する[*1]． □

よく知られている次の形で証明する．

定理 2.3 多項式環 $k[x_1, \cdots, x_n]$ のイデアルは有限生成である． □

1 変数のときは，より強く次が成立する．上の定理の準備として証明しよう．

定理 2.4 体 k 上の 1 変数多項式環 $k[x]$ のイデアルは 1 個の元で生成される．

[証明] イデアル I は零でないとしてよい．I に含まれる零でない多項式で，次数が最小のものを $f(x)$ としよう．次を示せばよい．

主張 任意の $g(x) \in I$ は $f(x)$ で割り切れる．

$g(x) \neq 0$ の次数 d に関する帰納法で示す．$f(x)$ のとり方より，$m := d - \deg f(x) \geqq 0$．よって，定数 $a \in k$ を選んで，$g_1(x) = g(x) - ax^m f(x)$ の次数を d より小さくできる．$g_1(x) \in I$ だから帰納法の仮定より $g_1(x)$ は $f(x)$ で割り切れる．よって $g(x)$ もそうである． ∎

(可換)環 R を係数とする 1 変数多項式環を $R[x]$ で表そう．上の証明から最高次項原理を抽出しておこう．

定義 2.5

(ⅰ) 多項式
$$f(x) = a_0 + a_1 x + \cdots + a_n x^n \in R[x]$$
に対して，最高次項 $a_n x^n$, $a_n \neq 0$ を $\mathrm{Lt}\, f(x)$ で表す．ただし，$f(x)$ が(恒等的に)零のときは $\mathrm{Lt}\, f(x)$ も零とする．

(ⅱ) I が $R[x]$ のイデアルのとき，それの最高次項全体
$$\{\mathrm{Lt}\, f(x) \mid f(x) \in I\}$$

[*1] 勝手な開被覆が有限部分被覆をもつというコンパクトの定義とよく似ている．

で生成されるイデアルを $\mathrm{Lt}\, I$ で表す.   □

I の中の次数 k 以下の多項式の集合を $I_{\leqq k}$ とし, $\mathfrak{a}_k$ を $f(x) \in I_{\leqq k}$ の x^k の係数全体としよう. $\mathrm{Lt}\, I$ は, 各 $k \geqq 0$ に対して x^k の係数が $\mathfrak{a}_k$ に入る多項式の全体

$$\sum_k \mathfrak{a}_k x^k = \mathfrak{a}_0 + \mathfrak{a}_1 x + \mathfrak{a}_2 x^2 + \cdots \subset R[x]$$

と一致する.

補題 2.6（最高次項原理） I が $R[x]$ のイデアルで, $f_1(x), \cdots, f_N(x) \in I$ とする. もし, これらの最高次項 $\mathrm{Lt}\, f_1(x), \cdots, \mathrm{Lt}\, f_N(x) \in \mathrm{Lt}\, I$ が $\mathrm{Lt}\, I$ を生成するなら, $f_1(x), \cdots, f_N(x)$ は I を生成する.

［証明］ $g(x) \in I$ がイデアル $J = (f_1(x), \cdots, f_N(x))$ に入ることを $\deg g(x)$ に関する帰納法で示そう. $\mathrm{Lt}\, f_1(x), \cdots, \mathrm{Lt}\, f_N(x)$ に対する仮定より,

$$\mathrm{Lt}\, g(x) = \sum_{i=1}^N a_i x^{m_i} \mathrm{Lt}\, f_i(x)$$

をみたす $a_i \in R$ が存在する. ただし, $m_i = \deg g(x) - \deg f_i(x)$ とおいた. 言い替えると

$$g_1(x) = g(x) - \sum_{i=1}^N a_i x^{m_i} f_i(x)$$

は $g(x)$ よりも真に次数が小さい. よって, 帰納法の仮定より, $g_1(x)$ は J に属し, $g(x)$ も J に属する.   ∎

全てのイデアルが有限生成である環を Noether 環という.

定理 2.7 R が Noether 環なら R 上の 1 変数多項式環 $R[x]$ も Noether 環である.

［証明］ $R[x]$ のイデアルを I とする. 上で定義した $\mathfrak{a}_n$ は R のイデアルの増大列 $\mathfrak{a}_n \subset \mathfrak{a}_{n+1}$ である. $\mathfrak{a} = \bigcup_{n \geq 0} \mathfrak{a}_n$ とおこう. $\mathfrak{a}$ がイデアルであることは明らかだろう. 仮定より, $\mathfrak{a}$ は有限生成である. よって, 有限個の多項式 $f_1(x), f_2(x), \cdots, f_M(x) \in I$ でもって, それらの最高次係数の全体が $\mathfrak{a}$ を生成するものが選べる. これらの多項式 $f_i(x)$, $1 \leqq i \leqq M$, の次数の最大を e とし

よう.このとき,$\mathfrak{a}_e = \mathfrak{a}_{e+1} = \cdots = \mathfrak{a}$ である(昇鎖律).$\mathfrak{a}_0, \mathfrak{a}_1 x, \cdots, \mathfrak{a}_{e-1} x^{e-1}$ の生成元の和集合を $\mathrm{Lt}\, f_{M+1}(x), \cdots, \mathrm{Lt}\, f_N(x)$ とする(R の Noether 性を再び使った).このとき,上の補題より I は $f_1(x), \cdots, f_M(x), f_{M+1}(x), \cdots, f_N(x)$ で生成される. ∎

環 R から多項式環 $R[x]$ を作る操作を n 回繰り返して n 変数多項式環 $R[x_1, \cdots, x_n]$ が出来る.よって体から出発して,上の定理を n 回繰り返して適用することにより,定理 2.2 を得る.

§2.2 一意分解環

整数 m の素因数分解
$$m = \pm p_1^{n_1} p_2^{n_2} \cdots p_\ell^{n_\ell} \quad (p_1, \cdots, p_\ell \text{ は相異なる素数})$$
とその一意性はよく知られている.同様なことが多項式環 $k[x_1, x_2, \cdots, x_n]$ に対しても成立する.まず概念をはっきりさせよう.

定義 2.8
(ⅰ) 環 R は $uv = 0$ なら u, v のどちらかが零のとき,**整域**(integral domain)であるという.
(ⅱ) 環 R の元 u は $uv = 1$ をみたす $v \in R$ が存在するとき**可逆元**(invertible element)であるという.
(ⅲ) 環 R の元 u を R の二つの元の積 vw に表したときに v, w のいずれかが可逆であるとき,u は**既約元**(irreducible element)であるという.
(ⅳ) 環 R の元 p はそれの生成するイデアルが素イデアル[*2]のとき,**素元**(prime element)という.言い替えると,vw が p で割り切れるなら,v, w のいずれかが p で割り切れる. ∎

(有理)整数全体の環 $\mathbb{Z}$ は整域で,可逆元は 1 と -1 である.また,符号を無視すれば,既約元とは素数のことである.また,体上の 1 変数多項式環の場合,可逆元は零でない定数で,既約元は既約多項式である.どちらの場合

[*2] イデアル $\mathfrak{p} \subset R$ は $ab \in \mathfrak{p}$ なら a, b のどちらかが $\mathfrak{p}$ に属するとき素イデアルという.剰余環 $R/\mathfrak{p}$ が整域といっても同じである.

もEuclidの互除法により既約元は素元である．一般に，素元は既約元であるが逆は正しくない(演習問題 2.1)．

定義 2.9 整域 R は次の2条件をみたすとき，**一意分解整域**(unique factorization domain)であるという．

（i）既約元は素元である．

（ii）任意の元は(有限個の)既約元の積に表される． □

定理 2.10 体 k 上の多項式環 $k[x_1, x_2, \cdots, x_n]$ は一意分解整域である． □

前節と同様，次を示せばよい．

定理 2.11 一意分解整域 R 上の多項式環 $R[x]$ は一意分解環である． □

$R[x]$ の素元には2種類ある．簡単な方から始めよう．

補題 2.12 R の素元は $R[x]$ の素元でもある． □

これの証明は演習問題 2.2 から容易である．

定義 2.13 $R[x]$ の多項式は R のどの素元でも割り切れないとき**原始的**(primitive)という． □

次が上の補題から従う．

系 2.14（Gauss の補題）　原始多項式の積は原始的である． □

以下，R は一意分解整域で，K はその商体とする．$R, R[x]$ を $K, K[x]$ の部分環と同一視しよう．

$$\begin{array}{ccc} K & \hookrightarrow & K[x] \\ | & & | \\ R & \hookrightarrow & R[x] \end{array}$$

$K[x]$ の多項式 $q(x)$ は K の元と原始多項式の積に表されることに注意しよう．（R の可逆元倍を除けば一意的でもある．）

補題 2.15 $q(x) \in K[x]$ で $f(x) \in R[x]$ は原始的とする．もし $f(x)q(x) \in R[x]$ なら $q(x) \in R[x]$ である．

[証明]　上で注意したように $q(x)$ は原始多項式 $q'(x)$ の定数倍 $cq'(x)$, $c \in K$ である．仮定より $cq'(x)f(x) \in R[x]$ で $q'(x)f(x)$ は系 2.14 より原始的である．よって，$c \in R$ で $q(x) \in R[x]$ を得る． ∎

言い替えると, $g(x) \in R[x]$ が原始多項式 $f(x)$ で割り切れることは $K[x]$ の中で考えても $R[x]$ の中で考えても同じである. よって, 次を得る.

命題 2.16 原始多項式 $f(x)$ に対して次の 3 条件は同値である.
 (i) $R[x]$ の既約元である.
 (ii) $K[x]$ の既約多項式である.
 (iii) $R[x]$ の素元である. □

これと補題 2.12 で $R[x]$ の素元が尽くされる.

[定理 2.11 の証明] 既約元が素元であることは上の命題より従う. $f(x) \in R[x]$ を, まず, $K[x]$ の中で既約多項式の積
$$f(x) = g_1(x) \cdots g_N(x)$$
に分解する. そして, $g_i(x)$ と定数(K の元)倍しか違わない原始多項式を $h_i(x)$ とすると $f(x)$ は $h_i(x)$ で割り切れ,
$$f(x) = ch_1(x) \cdots h_N(x), \quad c \in R$$
を得る. ここで c を R の中で素元分解することにより, $f(x)$ の素元分解を得る. ∎

一意分解環の次の性質を後で使う.

命題 2.17 R は一意分解整域とする. $\mathfrak{p}$ は R の零でない素イデアルで, $\mathfrak{p}$ に含まれる素イデアルは 0 と自分自身 $\mathfrak{p}$ しかないとする. (高さ 1 の素イデアルという.) このとき, $\mathfrak{p}$ は一つの元で生成される.

[証明] $\mathfrak{p}$ から零でない元 u を一つとってきて, 素元分解する. $\mathfrak{p}$ は素イデアルだから, 分解に現われる素元のどれかを含む. それを v としよう. v は素イデアルを生成するが, 仮定より, それは $\mathfrak{p}$ と一致する. ∎

§2.3 有限生成環

まず, 次の事実に注意しておく.

補題 2.18 体 k 上の多項式環 $k[x_1, \cdots, x_n]$ には無限個の既約多項式が存在する. □

1 次式 $x_1 - a$, $a \in k$, が無限個あって当り前である(演習問題 2.6).

定義 2.19 S は R の部分環とする．元 $b \in R$ は，$f(b) = 0$ なる S 係数多項式
$$f(x) = x^n + a_1 x^{n-1} + \cdots + a_{n-1} x + a_n \in S[x]$$
でもって最高次の係数が 1 のもの(モニックという)が存在するとき S 上整 (integral)という．また R が S 上整とは R の元が全て整なことである． □

補題 2.20 R が部分環 S 上整で $\mathfrak{a}$ は S のイデアルとする．もし $\mathfrak{a}$ が R 内で R を生成する($\mathfrak{a}R = R$)ならば，$\mathfrak{a} = S$ である．

[証明] $1 \in \mathfrak{a}R$ に参加する R の元は有限個だから，最初から R/S は有限生成としてよい．R/S は整だから，R は S 加群として有限個の元 $b_1, b_2, \cdots, b_N$ で生成される．仮定より，
$$\begin{cases} b_1 = a_{11} b_1 + a_{12} b_2 + \cdots + a_{1N} b_N \\ b_2 = a_{21} b_1 + a_{22} b_2 + \cdots + a_{2N} b_N \\ \qquad\qquad\qquad \vdots \\ b_N = a_{N1} b_1 + a_{N2} b_2 + \cdots + a_{NN} b_N \end{cases}$$
をみたす $a_{ij} \in \mathfrak{a}$ が存在する．行列式
$$\det \left[I_N - \begin{pmatrix} a_{11} & a_{12} & \cdots & a_{1N} \\ a_{21} & a_{22} & \cdots & a_{2N} \\ & \cdots & \cdots & \\ a_{N1} & a_{N2} & \cdots & a_{NN} \end{pmatrix} \right]$$
を A とおくと，$A - 1 \in \mathfrak{a}$ で $Ab_1 = Ab_2 = \cdots = Ab_N = 0$ である．よって，$A = 0$ で $1 \in \mathfrak{a}$ である． ∎

補題 2.21 R が S 上整で R が体なら S も体である．

[証明] $a \in S$ は零でないとしよう．$a^{-1} \in R$ は S 上整だから
$$f\left(\frac{1}{a}\right) = \frac{1}{a^n} + \frac{a_1}{a^{n-1}} + \frac{a_2}{a^{n-2}} + \cdots + \frac{a_{n-1}}{a} + a_n = 0$$
をみたすモニック多項式 $f(x) = x^n + a_1 x^{n-1} + a_2 x^{n-2} + \cdots + a_{n-1} x + a_n \in S[x]$ が存在する．この式の両辺に a^{n-1} を掛けて
$$-\frac{1}{a} = a_1 + a_2 a + \cdots + a_{n-1} a^{n-2} + a_n a^{n-1}$$

を得る．よって，$a^{-1} \in S$ である． ∎

補題2.22 整域 B はその部分環 A 上有限生成で代数的とする．このとき，A の元 $a \neq 0$ でもって，$B[a^{-1}]$ が $A[a^{-1}]$ 上整になるものが存在する．

［証明］ $b \in B$ が代数的だから，$f(b)=0$ をみたす A 係数多項式 $f(x) \neq 0$ が存在する．これの最高次項の係数を $0 \neq L(b) \in A$ で表そう．

$$f(x) = L(b)x^n + a_1 x^{n-1} + \cdots + a_{n-1}x + a_n \in A[x]$$

だから，b は $A[L(b)^{-1}]$ 上整である．B/A の生成元 $b^{(1)}, \cdots, b^{(N)}$ に対する $L(b^{(1)}), \cdots, L(b^{(N)})$ を掛け合わせた a が求めるものである． ∎

命題2.23 体 K は体 k 上環として有限生成であるとする．このとき，K/k の拡大次数は有限である．

［証明］ 拡大 K/k が代数的であることを示せばよい．環としての生成元 $y_1, \cdots, y_N$ を並べ替えて

（ⅰ） $y_1, \cdots, y_M$ は代数的に独立で，

（ⅱ） $y_{M+1}, \cdots, y_N$ は $k(y_1, \cdots, y_M)$ 上代数的

としておく．上の補題より，K が $k[y_1, \cdots, y_M, f(y)^{-1}]$ 上整となる多項式 $f(y) \neq 0$ が存在する．補題2.21 より，$k[y_1, \cdots, y_M, f(y)^{-1}]$ は体である．よって，勝手な $g(y) \neq 0$ に対して

$$\frac{1}{g(y)} = \frac{h(y)}{f(y)^n}$$

をみたす n と $h(y)$ が存在する．すなわち，$g(y)$ は $f(y)$ のベキを割り切る．よって補題2.18 より $M=0$ である． ∎

系2.24 R が体 k 上有限生成な環で $\mathfrak{m}$ が極大イデアル[*3]なら，合成

$$k \longrightarrow R \longrightarrow R/\mathfrak{m}$$

は有限次(代数)拡大である． ∎

系2.25 R が体 k 上有限生成な環で $S \subset R$ は k を含む部分環とする．このとき，$\mathfrak{m}$ が R の極大イデアルなら，$\mathfrak{m} \cap S$ も $(S$ の$)$ 極大イデアルである．

［証明］ 命題より，$k \hookrightarrow R/\mathfrak{m}$ は有限次拡大である．よって，これらの中

[*3] $\mathfrak{m}$ と R の間に他のイデアルがないとき，極大イデアルという．剰余環 $R/\mathfrak{m}$ が体といっても同じである．

間に位置する整域 $S/(\mathfrak{m}\cap S)$ は体である.

命題 2.26 R は整域でその部分環 S 上有限生成であるとする. このとき, R のイデアル I で $S\cap I=0$ かつ, $S\hookrightarrow R/I$ が代数的なものが存在する.

[証明] R の商体 K の中で S の商体 k と R で生成される部分環を $\widetilde{R}$ とする. これは k 上有限生成である. $\widetilde{R}$ の勝手な極大イデアルを $\mathfrak{m}$ としたとき, 上の命題より, $k\hookrightarrow\widetilde{R}/\mathfrak{m}$ は代数的である. よって, $I=\mathfrak{m}\cap R$ が求めるものである.

定理 2.27 環 R は体 k 上有限生成な環とする. このとき, R の全ての極大イデアルに属する元 a はベキ零である.

[証明] R 上の 1 変数多項式環 $R[x]$ の中で 1 次式 $1-ax$ を考える. $R[x]$ の勝手な極大イデアルを $\mathfrak{m}$ としよう. $\mathfrak{m}\cap R$ は, 上の系より, R の極大イデアルである. よって, $\mathfrak{m}$ は a を含み, $1-ax$ を含まない. よって, $1-ax$ は可逆元で,

$$(1-ax)(c_0+c_1x+\cdots+c_nx^n)=1$$

をみたす多項式が存在する. これより, $a^{n+1}=0$ を得る (演習問題 2.3).

§2.4 付 値 環

(a) ベキ級数環

原点の近傍で正則な 1 変数複素関数は

$$f(z)=\sum_{n=0}^{\infty}a_nz^n,\quad \varlimsup_{n\to\infty}\sqrt[n]{|a_n|}<+\infty$$

と Taylor 展開される. このようなベキ級数 $\sum_{n=0}^{\infty}a_nz^n$ の全体は普通の加減乗除で環になる. これを収束ベキ級数環と呼び, $\mathbb{C}\{z\}$ で表す. また, 原点の近傍で有理型な関数は

$$f(z)=\sum_{n=-N}^{\infty}a_nz^n,\quad \varlimsup_{n\to\infty}\sqrt[n]{|a_n|}<+\infty$$

と展開される. このような Laurent 級数の全体は通常の加減乗除で体になる. これは $\mathbb{C}\{z\}$ の商体に外ならない.

これらは後述する付値環と付値体の典型例であるが，我々の話では複素数集合 $\mathbb{C}$ の位相は不要である．上の定義に現われる収束条件を無視したものを考えよう．これは勝手な体 k の上で定義できる．気分転換のために変数を解析的な z から純粋な記号 t にして，t を不定元とする形式的ベキ級数

$$f(t) = \sum_{n=0}^{\infty} a_n t^n, \quad a_n \in k$$

の全体を考える．これは普通の加減乗除で環になる．これを**形式的ベキ級数環**(power series ring)と呼び，$k[[t]]$ で表そう．収束ベキ級数の場合と違って，$f(t)$ には関数としての意味はない．ただ $t=0$ を代入することは許されて，

$$sp : k[[t]] \longrightarrow k, \quad f(t) \mapsto f(0) = a_0$$

は全射環準同型写像になる．これを**特殊化写像**(specialization map)，または，**還元**(reduction)という．この準同型の核は t で生成される極大イデアルである．$f(0) \neq 0$ なら $f(t) \in k[[t]]$ は可逆元である．また，$f(t)$ は関数ではないが，$t=0$ での零点の位数が定まる．正確にいうと，位数とは $k[[t]]$ の零でない元を一意的に

$$f(t) = t^n u(t), \quad u(0) \neq 0$$

と表したときの整数 $n \geq 0$ のことである．

さらに，Laurent 級数も形式的に考えられる．有限個の負ベキも許した形式的ベキ級数

$$f(t) = \sum_{n \in \mathbb{Z}} a_n t^n, \quad a_n \in k, \quad \#\{n < 0 \mid a_n \neq 0\} < \infty$$

の全体を考えよう．これは普通の加減乗除で体になる．これを**形式的ベキ級数体**と呼び，$k((t))$ で表そう．これは $k[[t]]$ の商体であり，

$$k((t)) = \lim_{N \to \infty} t^{-N} k[[t]] = \bigcup_N t^{-N} k[[t]]$$

が成立する．$k((t))$ の零でない元は一意的に

$$f(t) = t^n u(t), \quad u(0) \neq 0$$

と表される．この整数 $n \in \mathbb{Z}$ を $f(t)$ の(t に関する)付値といい，$v(f)$ で表す．また，写像

$$k((t))\setminus 0 \longrightarrow \mathbb{Z}, \quad f \mapsto v(f)$$

のことも付値と呼ぶ．$0 \in k((t))$ に対しては $v(0)$ を定義しないのが無難であるが，必要なら $v(0) = +\infty$ と解することにすると便利である．次の諸性質を確かめるのは容易である．

- $v(fg) = v(f) + v(g)$
- $v(f+g) \geqq \min\{v(f), v(g)\}$
- $v(f) \neq v(g)$ なら上で等号が成立する．

(b) 付値環

さて，解析学における数列 $\{a_n\}$ の極限 $\lim_{n \to \infty} a_n$ や関数の極限，例えば，

$$\lim_{t \to 0} \frac{\sin t}{t} = 1$$

に対応する概念として，代数学では付値環とそれによる特殊化がある．

定義 2.28 R は整域とする．R の商体の元 x に対して，$x \in R$ または $1/x \in R$ が成立するとき，R を**付値環**(valuation ring)という． □

整域 R の商体を K としよう．R の可逆元の全体 R^* は K の乗法群 K^* の部分群となる．剰余(Abel)群 K^*/R^* を Λ で表す．通例に従って，Λ の演算を加法的に書く．特に，$1 \in K^*$ の剰余類を $0 \in \Lambda$ で表す．

定義 2.29 $x, y \in K^*$ で代表される剰余類 $\bar{x}, \bar{y} \in \Lambda$ に対して，$x/y \in R$ のとき $\bar{x} \geqq \bar{y}$ と定める． □

これは半順序になる．また，R が付値環なら全順序である．これを**付値群**と呼ぼう．また，$x \mapsto \bar{x}$ で定まる準同型写像を

$$v: K^* \longrightarrow \Lambda$$

で表し，R に関する体 K の**付値**(valuation)という．場合によっては，Λ の全ての元より大きい元 $+\infty$ を導入して $v(0) = +\infty$ とおき，v を K 全体に拡張して

$$v: K \longrightarrow \Lambda \cup \{+\infty\}, \quad v(x) = \begin{cases} \bar{x} & x \neq 0 \\ +\infty & x = 0 \end{cases}$$

とすることもある.

例 2.30 1変数ベキ級数環 $R=k[[t]]$ は付値環で,その付値群は無限巡回群 $\mathbb{Z}$ である.また,付値は上で導入したものと一致する. □

例 2.31 $f(0) \neq 0$ なる1変数多項式 $f(t)$ のみを分母に許す有理式の全体
$$\left\{\left.\frac{g(t)}{f(t)} \right| f(t), g(t) \in k[t],\ f(0) \neq 0\right\} \subset k(t)$$
も付値環で,その付値群は無限巡回群 $\mathbb{Z}$ である.この環はアフィン直線 $\mathbb{A}^1$ の原点における局所環(§7.2 (a))である. □

これらの例のように,付値群が無限巡回群である付値環を**離散的付値環**(discrete valuation ring)と呼ぶ.上の例以外では p 進整数環がその典型である.

付値は次の性質をみたす.

命題 2.32 $x, y \in K$ とする.
(i) $v(xy) = v(x) + v(y)$.
(ii) $v(x+y) \geq \min\{v(x), v(y)\}$.

[証明] (ii) を示せばよい. x も y も零でないとしてよい.付値環の定義より, y/x か x/y のどちらかは R に属する.対称性より, $y/x \in R$ としてよい.定義より, $v(y) \geq v(x)$ だから
$$v(x+y) = v\left(x\left(1+\frac{y}{x}\right)\right) = v(x) + v\left(1+\frac{y}{x}\right) \geq v(x) = \min\{v(x), v(y)\}$$
を得る. ∎

命題 2.33 R は付値環で, K はその商体とし,
$$\mathfrak{m} = \left\{x \in R \left|\ \frac{1}{x} \notin R\right.\right\} \cup \{0\}$$
とおく.このとき, $\mathfrak{m}$ は R の唯一の極大イデアルである.特に,付値環は局所環である. □

例 2.34 1変数ベキ級数環 $R=k[[t]]$ の極大イデアル $\mathfrak{m}$ は t で生成され,剰余体 $R/\mathfrak{m}$ はもとの体 k と同型である. □

(局所)整域の全体の中で,付値環の占める位置を明らかにしておこう.

定義 2.35 $(A, \mathfrak{m})$ と $(B, \mathfrak{n})$ はどちらも環とその極大イデアルの対とする．B が A の部分環で，$\mathfrak{m} \cap B = \mathfrak{n}$ が成立するとき，$(A, \mathfrak{m})$ は $(B, \mathfrak{n})$ を**支配**(dominate)するという． □

この支配関係を $(A, \mathfrak{m}) \geqq (B, \mathfrak{n})$ で表そう．$(A, \mathfrak{m})$ はその局所化

$$A_\mathfrak{m} = \left\{ \frac{x}{y} \,\middle|\, x, y \in A,\ y \notin \mathfrak{m} \right\}$$

で支配される．よって，支配関係の極大元は局所環である．さらに次が成立する．

定理 2.36 K は体で R はその部分環，$\mathfrak{m}$ は R の極大イデアルとする．もし，$(R, \mathfrak{m})$ が K の部分環(と極大イデアルの対)全体の中で，上の支配関係に関して極大ならば，R は K を商体とする付値環である．

[証明] x は K の元とする．

(1) x が R 上整な場合．R と x で生成された部分環を $\widetilde{R} = R[x] \subset K$ とおく．また，$\widetilde{R}$ の勝手な極大イデアルを $\widetilde{\mathfrak{m}}$，また，R との共通部分を $R \cap \widetilde{\mathfrak{m}} = \mathfrak{p}$ とおく．$\mathfrak{p}$ は素イデアルで，自然な単射

$$R/\mathfrak{p} \hookrightarrow \widetilde{R}/\widetilde{\mathfrak{m}}$$

が存在する．$\widetilde{R}/\widetilde{\mathfrak{m}}$ は体で $R/\mathfrak{p}$ 上整だから，補題 2.21 より $\mathfrak{p}$ も極大イデアルである．R は局所環だから $\mathfrak{p}$ は $\mathfrak{m}$ と一致する．

(2) x が R 上整でない場合．今度は R と $1/x$ で生成された部分環を $\widetilde{R} = R[1/x] \subset K$ とおく．

主張 $1/x$ は $\widetilde{R}$ の可逆元でない．

可逆だとすると $R[1/x]$ の元

$$a_1 + a_2 x^{-1} + \cdots + a_d x^{-d+1} + a_{d+1} x^{-d}, \quad a_i \in R$$

が x に等しい．この等式の分母を払うと

$$-x^{d+1} + a_1 x^d + a_2 x^{d-1} + \cdots + a_d x + a_{d+1} = 0$$

となって，仮定に反する．よって，$1/x$ は可逆元でない．

主張より $1/x$ を含む $\widetilde{R}$ の極大イデアルが存在する．それを $\widetilde{\mathfrak{m}}$，R との共通部分を $\mathfrak{p} = R \cap \widetilde{\mathfrak{m}}$ としよう．$1/x \in \widetilde{\mathfrak{m}}$ だから

$$R/\mathfrak{p} \hookrightarrow \widetilde{R}/\widetilde{\mathfrak{m}}$$

は全射である．よって，この場合も $\mathfrak{p}$ は極大である．

以上，(1), (2)いずれの場合も，$(\widetilde{R}, \widetilde{\mathfrak{m}})$ が $(R, \mathfrak{m})$ を支配している．$(R, \mathfrak{m})$ の極大性より，$\widetilde{R} = R$ を得る．これは，(1)の場合は $x \in R$，(2)の場合は $1/x \in R$ を意味している．よって，R は付値環である．■

この定理より，付値環の存在が示せる．体 K の部分環 B とその極大イデアル $\mathfrak{n}$ の対 $(B, \mathfrak{n})$ 全体の順序集合において，任意の鎖(chain)は上界をもつことに注意しよう．(和集合をとればよい．) よって，Zorn の補題と上の定理により，任意の $(B, \mathfrak{n})$ に対して，それを支配する付値環 $(A, \mathfrak{m})$ が存在する．これでも立派な定理であるが，剰余体も考慮に入れたより精密な形にしておこう．

$(A, \mathfrak{m})$ が $(B, \mathfrak{n})$ を支配しているとき，剰余体の間の単射準同型写像
$$B/\mathfrak{n} \hookrightarrow A/\mathfrak{m}$$
が導かれることに注意しよう．

定理 2.37 B は体 K の部分環で $\mathfrak{n}$ は B の極大イデアルとする．このとき，$(B, \mathfrak{n})$ を支配する付値環 $(A, \mathfrak{m})$ でもって，K を商体としさらに体拡大
$$B/\mathfrak{n} \hookrightarrow A/\mathfrak{m}$$
が代数的であるものが存在する．

［証明］剰余体 $B/\mathfrak{n}$ の代数的閉包への埋め込み $B/\mathfrak{n} \hookrightarrow k$ を一つ固定し，これに射影 $B \to B/\mathfrak{n}$ を合成したものを $h: B \longrightarrow k$ で表す．K の部分環 A と今固定した代数的閉体 k への準同型写像 $g: A \longrightarrow k$ の対 (A, g) の全体に次の順序関係を入れる．すなわち，$(A_1, g_1) \geqq (A_2, g_2)$ を $(A_1, \mathrm{Ker}\, g_1)$ が $(A_2, \mathrm{Ker}\, g_2)$ を支配し，$g_1: A_1 \longrightarrow k$ の A_2 への制限が $g_2: A_2 \longrightarrow k$ になっているときとする．この半順序集合においても任意の鎖は上界をもつ．よって (B, h) を支配する極大元 (R, g) が存在する．$(R, \mathrm{Ker}\, g)$ が付値環であることをいえばよい．そこで，定理 2.36 の証明をもう一度見よう．極大性から付値環であることを導くのに二つの場合があった．剰余体の間の拡大
$$R/\mathfrak{m} \hookrightarrow \widetilde{R}/\widetilde{\mathfrak{m}}$$
は(1)の場合には，x が整だから代数的である．よって，$R/\mathfrak{m}$ の k への埋め込みは $\widetilde{R}/\widetilde{\mathfrak{m}}$ から k への埋め込みに拡張できる．よって，準同型写像 $g: R \longrightarrow$

k も $\tilde{g}: \tilde{R} \longrightarrow k$ に拡張できる．(2)の場合は剰余体の拡大がないので，やはり拡張できる．これで，新しい順序関係の極大元 $(R, \mathrm{Ker}\, g)$ も付値環であることがわかった． ∎

剰余体の間が超越拡大になる場合と離散的でない付値環の例をあげておこう．

例 2.38 $K = k(x, y)$ は体 k 上の 2 変数多項式環 $k[x, y]$ の商体とする．

$$B = \left\{ \frac{f(x)}{g(x)} \;\middle|\; f(x), g(x) \in k[x],\; g(0) \neq 0 \right\}$$

は $k(x)$ を商体，k を剰余体とする離散的付値環である．そして，

$$A = \left\{ \frac{f(x, y)}{g(x, y)} \;\middle|\; f(x, y), g(x, y) \in k[x, y],\; g(0, y) \neq 0 \right\}$$

は $k(x, y)$ を商体とする離散的付値環で B を支配する．剰余体は $k(y)$ で，B の剰余体 k の超越拡大になっている．そこで，A の剰余体を商体とする付値環，例えば，

$$C = \left\{ \frac{d(y)}{e(y)} \;\middle|\; d(y), e(y) \in k[y],\; e(0) \neq 0 \right\}$$

をとってきて，

$$R = \left\{ \frac{f(x, y)}{g(x, y)} \;\middle|\; f(x, y), g(x, y) \in k[x, y],\; g(0, y) \neq 0,\; \frac{f(0, y)}{g(0, y)} \in C \right\}$$

と定める．(付値環の合成と呼ばれる．) これが，上の定理で存在が保証されている付値環(の例)である．R は B と同じ剰余体をもつが，もはや離散的でないことに注意しよう．実際，R の付値群は 2 重巡回群 $\mathbb{Z} \oplus \mathbb{Z}$ に辞書式順序を入れたものである． □

§2.5 話題: 有限生成でない不変式環

古典的な不変式環の有限生成性を証明した Hilbert は 1900 年のパリ国際数学者会議で次の問題を提出した．

Hilbertの第14問題

(代数)群が線型に(有限変数)多項式環に作用するとき,不変式環は有限生成か?

歴史的順序とは反対になるが,これに対して永田[N58]の与えた否定的な例をここで説明する.

(a) 次数付き環

定義 2.39 直和 $R = \bigoplus_{e \in \mathbb{Z}} R_e$ が環で,R_e の元と $R_{e'}$ の元の積が $R_{e+e'}$ に入るとき,R は**次数付き環**(graded ring)であるという. □

次は簡単な事実であるが Hilbert の定理の証明で重要である(演習問題 2.10).

命題 2.40 全ての負の e に対して R_e は零とする.イデアル $R_+ = \bigoplus_{e>0} R_e$ が有限生成なら,R は R_0 上環として有限生成である. □

$\mathbb{Z}$ を別の群や半群で置き換えてより一般の次数付き環が定義できるが,上の命題とは逆にこの半群(台)が有限生成でなければ環も有限生成でなくなる.まず,例をあげよう.

例 2.41 2変数多項式 $f(x,y)$ でもって,x 軸に制限すると定数になるもの全体を考えよう.これは部分環になっている.$f(x,y)$ は

$$(定数) + yg(x,y)$$

と表される.よって,単項式 $x^m y^n$ でもって,$n > 0$ または $(m,n) = (0,0)$ をみたすもの全体がこの部分環のベクトル空間としての基底である(図2.1).言い替えると,こういう (m,n) のなす半群に対する半群環である.この半群が有限生成でないことは明らかである.よって,この環も有限生成でない. □

例 2.42 単項式

$$\{x^m y^n \mid -\sqrt{2}\,m \leq n \leq \sqrt{2}\,m\}$$

を基底とする部分ベクトル空間は $k[x,y]$ の部分環にもなっている.これも半群環で有限生成ではない. □

これらの例は次のように一般化できる.環 R が2重に次数付けられてい

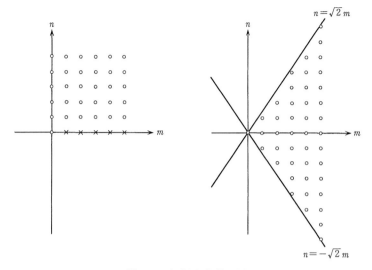

図 2.1 無限生成環の例

る,すなわち,
$$R = \bigoplus_{(m,n) \in \mathbb{Z}^2} R_{(m,n)}$$
で,$R_{(m,n)}$ と $R_{(m',n')}$ の積は $R_{(m+m',n+n')}$ に入るとする.このとき,R の台 (support) を
$$\mathrm{Supp}\, R := \{(m,n) \mid R_{(m,n)} \neq 0\}$$
で定義する.R が整域ならこれは $\mathbb{Z}^2$ の部分半群になる.

命題 2.43 R が整域で $\mathrm{Supp}\, R$ が半群として有限生成でないならば,R は(環として)有限生成でない. □

(b) 永田のトリック

さて,$(p_1, q_1, \cdots, p_N, q_N)$ を座標とする複素 $2N$ 次元アフィン空間 $\mathbb{A}^{2N}$ (§3.1 (a)) への $\mathbb{C}^N$ の作用を
$$p_i \mapsto p_i, \quad q_i \mapsto s_i p_i + q_i, \quad (s_1, \cdots, s_N) \in \mathbb{C}^N$$

で，また，$\mathbb{C}^{*N}$ の作用を
$$p_i \mapsto t_i p_i, \quad q_i \mapsto t_i q_i, \quad (t_1, \cdots, t_N) \in \mathbb{C}^* \times \cdots \times \mathbb{C}^* = \mathbb{C}^{*N}$$
で定める．$\mathbb{C}^N$ の作用による不変式環は多項式環 $k[p_1, \cdots, p_N]$ で $\mathbb{C}^{*N}$ の不変式環は $k[q_1, \cdots, q_N]$ である．

以下 $N \geqq 3$ とする．アフィン平面の N 点 $w_1 = (a_1, b_1),\ \cdots,\ w_N = (a_N, b_N) \in \mathbb{A}^2$ で 1 直線上にないものをとってくる．これに対して，次の三つの有理式

$$A = a_1 \frac{q_1}{p_1} + \cdots + a_N \frac{q_N}{p_N}, \quad B = b_1 \frac{q_1}{p_1} + \cdots + b_N \frac{q_N}{p_N}, \quad C = \frac{q_1}{p_1} + \cdots + \frac{q_N}{p_N}$$

を不変とする変換 $s \in \mathbb{C}^N$ の全体 G_a を考える．これは $(N-3)$ 次元の部分ベクトル空間になる．また，$D = p_1 p_2 \cdots p_N$ を不変にする変換 $t \in \mathbb{C}^{*N}$ の全体は余次元 1 の部分群になる．これを T で表そう．

定理 2.44 $N=9$ で 9 点 $w_1 = (a_1, b_1),\ \cdots,\ w_9 = (a_9, b_9)$ が一般なら 18 変数多項式環 $k[p_1, \cdots, p_9, q_1, \cdots, q_9]$ への上の $G_a \cdot T \simeq \mathbb{C}^6 \cdot \mathbb{C}^{*8}$ の作用による不変式環 R は有限生成でない． □

注意 $N = 16, 25$ の場合には不変式環として台が有限生成でない 2 重次数付き環が得られる（永田 [N58], [N59]）．

まず，群 $G_a \cdot T$ の作用に関する不変有理式体は $D = p_1 \cdots p_9$ と

$$A = a_1 \frac{q_1}{p_1} + \cdots + a_9 \frac{q_9}{p_9}, \quad B = b_1 \frac{q_1}{p_1} + \cdots + b_9 \frac{q_9}{p_9}, \quad C = \frac{q_1}{p_1} + \cdots + \frac{q_9}{p_9}$$

で生成されることがわかる．よって，不変式環は A, B, C, D の有理式で $p_1, \cdots, p_9, q_1, \cdots, q_9$ の多項式になっているものの全体

$$k(A, B, C, D) \cap k[p_1, \cdots, p_9, q_1, \cdots, q_9] \subset k(p_1, \cdots, p_9, q_1, \cdots, q_9)$$

と一致する．この環は D に関する次数と A, B, C に関する全次数で 2 重に次数付けられている．D に関して $d-m$ 次斉次で A, B, C に関して d 次斉次な不変式 $D^{d-m} f(A, B, C)$ でもって，$p_1, \cdots, p_9, q_1, \cdots, q_9$ の多項式となっているものの全体を $R_{(d,m)}$ としよう．

補題 2.45 d 次斉次式 $f(x,y,z)$ に対して次は同値である.
（i） $f(A,B,C) \in R_{(d,m)}$
（ii） 多項式 $f(x,y,z)$ は $w_1 = (a_1:b_1:1), \cdots, w_9 = (a_9:b_9:1) \in \mathbb{P}^2$ の各点で m 重に零である（命題 1.28 参照）.

[証明]

$$f\left(a_1\frac{q_1}{p_1} + \cdots + a_9\frac{q_9}{p_9}, b_1\frac{q_1}{p_1} + \cdots + b_9\frac{q_9}{p_9}, \frac{q_1}{p_1} + \cdots + \frac{q_9}{p_9}\right)$$

の $(q_1/p_1)^d$ の係数は $f(a_1,b_1,1)$ である. よって, p_1^d が分母に現われないことと $f(a_1,b_1,1)=0$ は同値である. また, p_1^{d-1} が分母に現われるのは

$$\left\{f_x(a_1,b_1,1)\left(a_2\frac{q_2}{p_2}+\cdots+a_9\frac{q_9}{p_9}\right) + f_y(a_1,b_1,1)\left(b_2\frac{q_2}{p_2}+\cdots+b_9\frac{q_9}{p_9}\right) \right.$$
$$\left. + f_z(a_1,b_1,1)\left(\frac{q_2}{p_2}+\cdots+\frac{q_9}{p_9}\right)\right\}\left(\frac{q_1}{p_1}\right)^{d-1}$$

からである. ただし, f_x, f_y, f_z は f の偏微分である. よって, それが現われないことと $f_x(a_1,b_1,1) = f_y(a_1,b_1,1) = f_z(a_1,b_1,1) = 0$ が同値である. これで $m=1,2$ のときの同値性が示せた. $m \geq 3$ のときも同様である. ∎

（c） Liouville の定理の応用

正則写像(1.17)を使って

$$R = \mathbb{C}[p_1,\cdots,p_9,q_1,\cdots,q_9]^{G_a \cdot T} = \bigoplus_{d,m \in \mathbb{Z}} R_{(d,m)}$$

が有限生成でないような 9 点を作ろう. Liouville の定理 1.34 の後半が鍵である. 複素平面上の格子 Γ と周期平行 4 辺形を固定する. その中の相異なる 9 点

$$\widetilde{w}_1, \cdots, \widetilde{w}_9 \in \mathbb{C} \bmod \Gamma$$

をとってくる. どれも格子点ではないとする. そしてこれらの像を

$$w_1 = (a_1 : b_1 : 1),\ \cdots,\ w_9 = (a_9 : b_9 : 1) \in \mathbb{A}^2 \subset \mathbb{P}^2$$

とする．定理 2.44 は次より従う．

命題 2.46 全ての自然数 n に対して

$$n(\widetilde{w}_1 + \cdots + \widetilde{w}_9) \notin \Gamma$$

がみたされるならば環 $\bigoplus_{d,m} R_{(d,m)}$ は有限生成でない． □

d 次多項式は $(d+1)(d+2)/2$ 次元ベクトル空間をなす．また，1 点で m 重に消えるという条件は高々 $m(m+1)/2$ 個の線型条件である．よって，

(2.1)
$$\dim R_{(d,m)} \geqq \frac{1}{2}(d+1)(d+2) - \frac{9}{2}m(m+1) = \frac{1}{2}(d-3m)(d+3m+3) + 1$$

が成立する．とくに，$d \geqq 3m$ なら $R_{(d,m)} \neq 0$ である．9 点の選び方よりこれの逆が成立する．また $d = 3m$ のときはこの評価式で等号が成立する．

補題 2.47 $\widetilde{w}_1, \cdots, \widetilde{w}_9$ は命題と同様とする．

（i） $d < 3m$ なら $R_{(d,m)} = 0$ である．

（ii） $d = 3m$ なら $\dim R_{(d,m)} = 1$ である．

［証明］ $f(A, B, C) \in R_{(d,m)}$ に対して，$f(\wp(z), \wp'(z), 1)$ を考えよう．これは格子点以外では正則で，原点では高々 $3d$ 位の極しかもたない．一方，$\widetilde{w}_1, \cdots, \widetilde{w}_9$ の各点では少なくとも m 位の零点であることに注意しよう．

(i) $d < 3m$ のときは，定理 1.34 の (iii) より，$f(\wp(z), \wp'(z), 1)$ は零である．よって，補題 1.35 より

$$f(x, y, z) = (y^2 z - 4x^3 + g_2 x z^2 + g_3 z^3) h(x, y, z)$$

と表される．$h(x, y, z) \in R_{(d-3, m-1)}$ だから帰納法を使って $f(x, y, z) = 0$ を得る．

(ii) $d = 3m$ のとき $f(\wp(z), \wp'(z), 1) = 0$ を示せば充分である．そうでないとすると $f(\wp(z), \wp'(z), 1)$ に定理 1.34 の (iii) と (iv) を適用して $m(\widetilde{w}_1 + \cdots + \widetilde{w}_9) \in \Gamma$ を得るが，これは $\widetilde{w}_1, \cdots, \widetilde{w}_9$ のとり方に反する． ■

補題 2.47 の (i) と (2.1) より 2 重次数付き環 $\bigoplus_{d,m} R_{(d,m)}$ の台は

$$\{(d,m) \mid d \geqq 3m,\ d \geqq 0\} \subset \mathbb{Z}^2$$

で，これは有限生成である．しかし，(2.1)と補題 2.47 の(ii)より有限生成でないことが示せる．

[命題 2.46 の証明] $f_0 = y^2z - 4x^3 + g_2xz^2 + g_3z^3 \in R_{(3,1)}$ とおく．R の有限個の元は有理数 $\epsilon > 0$ を充分小さくとれば f_0 のベキ以外は部分環

$$R^\epsilon = \bigoplus_{d \geqq (3+\epsilon)m} R_{(d,m)}$$

に属するようにできる．f_0 を掛けることによって写像の列

$$R_{(d,m)} \xrightarrow{\times f_0} R_{(d+3,m+1)} \xrightarrow{\times f_0} \cdots\cdots \xrightarrow{\times f_0} R_{(d+3N,m+N)}$$

ができる．R が R^ϵ と f_0 で生成されるにはこれらが全て全射でなければならない．しかし，(2.1) の評価

$$\dim R_{(d+3N,m+N)} \geqq \frac{1}{2}m\epsilon(d+3m+6N+3)+1$$

より，$N \to \infty$ のとき $\dim R_{(d+3N,m+N)}$ は無限大に発散する．よって $R = \bigoplus_{d,m} R_{(d,m)}$ は有限生成でない． ■

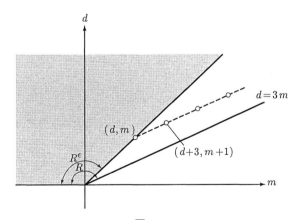

図 2.2

《要約》

2.1 Hilbertの基定理は彼が不変式環の有限生成定理(第4章)を示すために発見したものでNoether環論の出発点となった.

2.2 多項式環の一意分解性はGaussの補題を使って変数の個数に関する帰納法で証明される.

2.3 体上有限生成な環において,どの極大イデアルにも含まれる元はベキ零である.これは第3章で見るようにHilbertの零点定理に外ならない.

2.4 1変数ベキ級数環は付値環の例である.付値環(とその極大イデアルの対)はその商体の中で支配関係に関して極大であることで特徴づけられる.これは第3章の付値判定法で使われる.

2.5 代数群に何の制限も課さないと多項式環に作用したときの不変式環として有限生成でない環が現われる(Hilbertの第14問題に対する反例).この例は射影平面の一般の位置にある9点をとって,各点をm重点とするd次曲線の存在,非存在に関する考察から得られる.

―――――― 演習問題 ――――――

2.1 整域$\mathbb{Z}[\sqrt{-5}]$の中で3は既約元ではあるが,素元ではないことを示せ.(ヒント:例えば,$6=(1+\sqrt{-5})(1-\sqrt{-5})$を使ってみよ.)

2.2 Rが整域なら多項式環$R[x]$も整域であることを示せ.

2.3 aは環Rの元で,1次式$1-ax$は多項式環$R[x]$の中で可逆元であるとする.このとき,aはベキ零であることを示せ.

2.4 有限個の元よりなる整域は体であることを示せ.

2.5 体kを含みk上有限次元な整域は体であることを証明せよ.

2.6 kが有限の場合に補題2.18を証明せよ.

2.7 体k上の形式的ベキ級数環$k[[t]]$は整域であることを示せ.

2.8 $k[[t]]$のイデアルは極大イデアルのベキ(t^n)だけである(とくに,全て主イデアルである)ことを示せ.

2.9 定理2.36の逆を示せ.すなわち,付値環はその商体の中で支配関係に関して極大である.

2.10 定理 4.46 の証明を参考にして，命題 2.40 を証明せよ．

3

代数多様体

　多様体とは環の層が付いた位相空間で，局所的には与えられた環付き空間（局所モデル）と同型なもののことである．微分多様体や複素多様体では，$\mathbb{R}^n$ や $\mathbb{C}^n$ の開集合とその上の可微分関数や正則関数の層が局所モデルである．代数多様体では基礎体 k 上有限生成な体が先に決まっていて，それを商体とする環のスペクトル $\mathrm{Spm}\,R$ が局所モデルである．言い替えると，同じ商体をもつ環層付きアフィン多様体を貼り合わせて代数多様体が得られる．この層と貼り合わせの意味を明らかにしよう．

　後半では，圏と関手の言葉を簡単に説明し，この見方から代数群の概念が自然に登場することを見よう．最終節では完備性の付値判定法を証明してトーリック多様体に応用する．

§3.1　アフィン代数多様体

(a)　アフィン空間

　代数的閉体であるという性質しか使わないが，親しみやすいので，複素数体 $\mathbb{C}$ 上で考えよう．アフィン空間 $\mathbb{A}^n$ は下部集合としての n 次元複素数空間 $\mathbb{C}^n$ に以下で述べる Zariski 位相と構造層を与えた環付き空間 (ringed space) のことである．普通の位相での開集合 $U \subset \mathbb{C}^n$ に対して，その上の正則関数の全体 $\mathcal{O}^{an}(U)$ を対応させる環の層

(3.1) (開集合) $\longrightarrow$ (環), $U \mapsto \mathcal{O}^{an}(U)$

の付いた空間が,複素解析多様体としての $\mathbb{C}^n_{an}$ であるが,これの多項式版が代数多様体としての $\mathbb{A}^n$ である.

まず,多項式環のイデアル $\mathfrak{a} \subset \mathbb{C}[x_1, x_2, \cdots, x_n]$ に対して,それに属する全ての多項式(実際には,イデアルの生成元だけでよい)の共通零点集合を

(3.2) $V(\mathfrak{a}) = \{(a_1, a_2, \cdots, a_n) \in \mathbb{C}^n \mid f(a_1, a_2, \cdots, a_n) = 0, \forall f \in \mathfrak{a}\}$

とおく.イデアルの勝手な族 $\mathfrak{a}_i, i \in I$ に対して

$$\bigcap_{i \in I} V(\mathfrak{a}_i) = V(\sum_{i \in I} \mathfrak{a}_i)$$

が成立し,有限個の族 $\mathfrak{a}_1, \mathfrak{a}_2, \cdots, \mathfrak{a}_m$ に対して

$$V(\mathfrak{a}_1) \cup V(\mathfrak{a}_2) \cup \cdots \cup V(\mathfrak{a}_m) = V(\mathfrak{a}_1 \mathfrak{a}_2 \cdots \mathfrak{a}_m)$$

が成立する.よって,$V(\mathfrak{a})$ の全体は共通部分をとる操作と有限個の和集合をとる操作に関して閉じている.

定義 3.1 $V(\mathfrak{a})$ の全体を閉集合の全体とする $\mathbb{C}^n$ の位相を **Zariski 位相** という.$\mathbb{C}^n_{\text{alg}}$ で表そう. □

多項式 $f = f(x_1, x_2, \cdots, x_n)$ に対して $V((f))$ の補集合を

(3.3) $D(f) = \{(a_1, a_2, \cdots, a_n) \in \mathbb{C}^n \mid f(a_1, a_2, \cdots, a_n) \neq 0\}$

とおこう.こういう形の開集合を**基本開集合**と呼ぶ.二つの多項式 f, g に対して

$$D(fg) = D(f) \cap D(g)$$

が成立するから,基本開集合の全体は有限個の共通部分をとる操作に関して閉じている.

$$\mathbb{C}^n \setminus V(\mathfrak{a}) = \bigcup_{f \in \mathfrak{a}} D(f)$$

であるので,基本開集合の全体は Zariski 開集合の基(basis)になっている.この Zariski 位相の付いた $\mathbb{C}^n_{\text{alg}}$ に (3.1) を真似た環の層を定めよう.ここでは次の簡単な場合で充分である.

定義 3.2 X は位相空間で K は集合とする.X の空でない開集合の全体を $\mathcal{U}_X$ で表そう.$\mathcal{U}_X$ から K の部分集合の全体 $\mathcal{P}(K)$ への写像

§3.1 アフィン代数多様体 ── 71

$$F: \mathcal{U}_X \longrightarrow \mathcal{P}(K), \quad \varnothing \neq U \mapsto F(U)$$
$$\cap \qquad \cap$$
$$X \qquad K$$

は，開集合の勝手な族 $\{U_i\}_{i \in I}$ に対して

$$F(\bigcup_{i \in I} U_i) = \bigcap_{i \in I} F(U_i)$$

が成立するとき，F を K を全体集合とする**簡易層**という． □

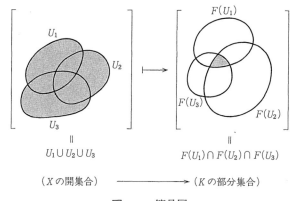

（X の開集合） ⟶ （K の部分集合）

図 3.1 簡易層

開集合の間に包含関係 $U \supset V$ があるときは，$F(U) = F(U \cup V) = F(U) \cap F(V)$ より，$F(U) \subset F(V)$ となることに注意しよう．K が加群で $F(U)$ が常に部分加群であるとき，F は加群の簡易層．また，K が環で $F(U)$ がいつも部分環であるとき，F は環の簡易層という．

さて，多項式環 $\mathbb{C}[x_1, x_2, \cdots, x_n]$ の商体(§7.2)，すなわち，有理式

$$\frac{g(x_1, x_2, \cdots, x_n)}{h(x_1, x_2, \cdots, x_n)}, \quad g(x), h(x) \in \mathbb{C}[x_1, x_2, \cdots, x_n], \quad h(x) \neq 0$$

の全体を $\mathbb{C}(x_1, x_2, \cdots, x_n)$ で表そう．多項式 $g(x)$ は $\mathbb{C}^n$ の全ての点で有限の値を定めるが，有理式 $g(x)/h(x)$ はそうとは限らない．しかし，分母 $h(x)$ として $f(x)$ のべキだけを許した

$$\frac{g(x)}{f(x)^m}, \quad g(x) \in \mathbb{C}[x_1, x_2, \cdots, x_n], \quad m \geqq 0$$

の形の有理式は基本開集合 $D(f)$ の各点で有限の値を定める．これらの全体を

$$\mathbb{C}[x_1, x_2, \cdots, x_n, f(x)^{-1}]$$

とおこう．これは有理式体 $\mathbb{C}(x_1, x_2, \cdots, x_n)$ の部分環をなす．層(3.1)の精神にならって

(3.4) $\qquad \mathcal{O}(D(f)) = \mathbb{C}[x_1, x_2, \cdots, x_n, f(x)^{-1}]$

とおこう．一般の開集合 $U = \mathbb{C}^n \setminus V(\mathfrak{a})$ は $f(x) \in \mathfrak{a}$ なる $D(f)$ の和集合であるから，

(3.5) $\qquad \mathcal{O}(U) = \bigcap_{f \in \mathfrak{a}} D(f) = \bigcap_{f \in \mathfrak{a}} \mathbb{C}[x_1, x_2, \cdots, x_n, f(x)^{-1}]$

とおく．これは(3.4)と矛盾していない．

命題 3.3 上の $\mathcal{O}$ は有理式体 $\mathbb{C}(x_1, x_2, \cdots, x_n)$ を全体集合とする $\mathbb{C}^n_{\text{alg}}$ 上の環の簡易層である． □

証明は次節でより一般の設定の下で行なおう．

定義 3.4 Zariski 位相空間 $\mathbb{C}^n_{\text{alg}}$ と上の命題の環層 $\mathcal{O}$ の対を n 次元アフィン空間(affine space)といい $\mathbb{A}^n$ で表す． □

$\mathfrak{p}$ を多項式環 $\mathbb{C}[x_1, x_2, \cdots, x_n]$ の素イデアルとする．閉集合 $V(\mathfrak{p}) \subset \mathbb{C}^n_{\text{alg}}$ に誘導位相と($V(\mathfrak{p}) \cap U$ に $\mathcal{O}_U/\mathfrak{p}\mathcal{O}_U$ を対応させる)誘導層を与えたものがアフィン代数多様体である．ただ，この構成は多項式環とその素イデアルに依存している．剰余環 $\mathbb{C}[x_1, x_2, \cdots, x_n]/\mathfrak{p}$ のみに基づく本質的で現代的な構成を次項で与える．

多項式環 $R = \mathbb{C}[x_1, x_2, \cdots, x_n]$ に対する命題 2.17 を幾何的な言葉に言い替えて次を得る．

命題 3.5 アフィン空間 $\mathbb{A}^n$ の余次元 1 の部分多様体は一つの多項式で定義される．ただし，$\mathbb{A}^n$ の既約閉部分集合 X は，$X \neq \mathbb{A}^n$ で $X \subsetneq Y \subsetneq \mathbb{A}^n$ となる既約閉部分集合 Y が存在しないとき，余次元 1 であるという． □

このような部分多様体を $(n-1)$ 次元アフィン**超曲面**(affine hypersurface)という．1 次元のときは，アフィン平面曲線ともいう．

(b) スペクトル

アフィン空間 $\mathbb{A}^n$ の3要素である下部集合，位相，環層がどれも多項式環だけから決まっていることを見よう．これがわかれば，アフィン代数多様体を定義するのは容易である．体は $\mathbb{C}$ のままでもよいが，通常の位相は必要としない(邪魔でもある)ので勝手な代数的閉体 k 上の話に戻す．

変数 x_i, $1 \leqq i \leqq n$，に値 $a_i \in k$ を代入する準同型写像

$$k[x_1, x_2, \cdots, x_n] \longrightarrow k, \quad f(x) \mapsto f(a)$$

の核は極大イデアルで，n 個の1次式

$$x_1 - a_1, \quad x_2 - a_2, \quad \cdots, \quad x_n - a_n$$

で生成されることに注意しよう．

定理 3.6 多項式環 $k[x_1, x_2, \cdots, x_n]$ の極大イデアルは上の $(x_1-a_1, x_2-a_2, \cdots, x_n-a_n)$ の形のものだけである．

［証明］ $k[x_1, x_2, \cdots, x_n]$ の勝手な極大イデアルを $\mathfrak{m}$ としよう．剰余体 $K = k[x_1, x_2, \cdots, x_n]/\mathfrak{m}$ は k 上(環として)有限生成である．環準同型写像の合成

$$k \longrightarrow k[x_1, x_2, \cdots, x_n] \longrightarrow k[x_1, x_2, \cdots, x_n]/\mathfrak{m}$$

を考えよう．命題 2.23 より，拡大 K/k は代数的である．k は代数的閉体であるから，$k \longrightarrow K$ は同型である．よって，各 x_i に対して $x_i \equiv a_i \bmod \mathfrak{m}$ なる $a_i \in k$ が存在する．$x_i - a_i \in \mathfrak{m}$ であるが，$(x_1-a_1, x_2-a_2, \cdots, x_n-a_n)$ は極大イデアルなので $\mathfrak{m}$ と一致する．

剰余環 $k[x_1, \cdots, x_n]/\mathfrak{a}$ にこの定理と定理 2.27 を適用して次を得る．

定理 3.7（Hilbert の零点定理） $\mathfrak{a}$ は $k[x_1, \cdots, x_n]$ のイデアルとする．多項式 $f(x_1, \cdots, x_n)$ が $V(\mathfrak{a})$ 上零ならば，$f(x_1, \cdots, x_n)$ の適当なベキは $\mathfrak{a}$ に属する．

イデアル $\mathfrak{a}$ に対して，何乗かしてそれに入る元の全体はイデアルになる．これを $\mathfrak{a}$ の**ベキ零根基**(nilradical)といい，$\sqrt{\mathfrak{a}}$ で表す．

系 3.8 $V(\mathfrak{a}) \subset V(\mathfrak{b})$ と $\sqrt{\mathfrak{b}} \subset \sqrt{\mathfrak{a}}$ は同値である．

定義 3.9 環 R に対して，それの極大イデアル全体の集合を $\mathrm{Spm}\, R$ で表し，R の**(極大)スペクトル**と呼ぶ．

定理 3.6 より，n 次元アフィン空間の下部集合 k^n は多項式環の極大スペクトル $\mathrm{Spm}\, k[x_1,x_2,\cdots,x_n]$ と同一視できる．極大だけでなく全ての素イデアルの集合を環 R のスペクトルというのが一般的だが，ここでは極大イデアルしか考えないことにする．この $\mathrm{Spm}\, R$ に Zariski 位相と環層を与えよう．まず，R のイデアル $\mathfrak{a}$ に対し，
$$V(\mathfrak{a}) = \{\mathfrak{m} \mid \mathfrak{m} \supset \mathfrak{a}\} \subset \mathrm{Spm}\, R$$
とおく．また，$f \in R$ に対する基本開集合を
$$D(f) = \{\mathfrak{m} \mid \mathfrak{m} \not\ni f\} \subset \mathrm{Spm}\, R$$
と定めよう．R が多項式環 $k[x_1,x_2,\cdots,x_n]$ のとき，これらは (3.2) や (3.3) と一致する．次も同様である．

定義 3.10 $V(\mathfrak{a})$ の全体を閉集合の全体とする $\mathrm{Spm}\, R$ の位相を **Zariski 位相**という． □

例 3.11 アフィン直線 $\mathbb{A}^1$ の閉集合は

(i) $\mathbb{A}^1$ 全体　と　(ii) 有限部分集合

だけである．事情は 1 次元なら同様で，位相は 1 点を閉集合とする最も弱い位相である． □

この位相は次の点で特徴的である．

命題 3.12 位相空間 $X = \mathrm{Spm}\, R$ は Noether 的である．すなわち，閉部分集合の減少列
$$X \supset Z_1 \supset Z_2 \supset Z_3 \supset \cdots \supset Z_n \supset \cdots$$
はいつも有限で止まる．

［証明］ $Z_i = V(\mathfrak{a}_i)$ で $\sqrt{\mathfrak{a}_i} = \mathfrak{a}_i$ なるイデアル $\mathfrak{a}_i \subset R$ が存在するが，系 3.8 より，それらは増大列
$$\mathfrak{a}_1 \subset \mathfrak{a}_2 \subset \mathfrak{a}_3 \subset \cdots \subset \mathfrak{a}_n \subset \cdots \subset R$$
をなしている．定理 2.2 より，イデアル $\bigcup_i \mathfrak{a}_i$ は有限生成だから，この増大列は有限で止まる． ∎

$\mathbb{R}^n, n \geq 1$，の通常の位相は決してこうでないことに注意しよう．

定義 3.13 位相空間 X は次の同値な 2 条件をみたすとき **既約**(irreducible) という．

（i） X は二つの真部分閉集合の和集合には表せない．

（ii） X の二つの空でない開集合の共通部分は空でない．

また，既約でないとき**可約**(reducible)という． □

二つの基本開集合 $D(f), D(g)$ の共通部分は $D(fg)$ であるが，R は整域なので，$f \neq 0$ かつ $g \neq 0$ なら $fg \neq 0$ なので，次を得る．

命題 3.14 R が整域なら $\mathrm{Spm}\, R$ は既約である． □

この場合に，簡易層(定義 3.2)を構成しよう．アフィン空間の場合と同様である．R は整域として，その商体(§7.2)を K とする．零でない元 $f \in R$ に対して，K の中で R と $1/f$ で生成される部分環 $R[1/f] \subset K$ を R_f で表す．分母として f のベキをとれる K の元の全体である．

命題 3.15 R が整域のとき，空でない開集合の全体 $\mathcal{U}_X$ から商体 K の部分環全体への写像 $\mathcal{O}$ を次で定める．

$$\mathcal{O}(V(\mathfrak{a})^c) = \bigcap_{0 \neq f \in \mathfrak{a}} R_f .$$

ただし，^{c} は補集合を表す．このとき，$\mathcal{O}$ は K を全体集合とする $\mathrm{Spm}\, R$ 上の環の簡易層である． □

補題 3.16 イデアル $\mathfrak{a}$ が零でない $f_i \in \mathfrak{a}$, $i \in I$ で生成されるなら

$$\bigcap_{0 \neq f \in \mathfrak{a}} R_f = \bigcap_{i \in I} R_{f_i}$$

が成立する．

[証明] 左辺が右辺に含まれていることは明らかである．逆を示そう．仮定より，勝手な $f \in \mathfrak{a}$ は

$$f = \sum_{j \in J} a_j f_j, \quad a_j \in R$$

と表される．ただし，J は添字集合 I のある有限部分集合である．いま，$x \in K$ が右辺集合に属しているとしよう．自然数 n を充分大きくとれば，$f_j^n x \in R$ が全ての $j \in J$ に対して成立する．よって，自然数 N を充分大きくとると

$$f^N x = (\sum_{j \in J} a_j f_j)^N x$$

も R に入る.よって,$x \in R_f$ である.$f \in \mathfrak{a}$ は任意だから x は左辺集合に入る.

次は明らかであろう.

補題 3.17 イデアル $\mathfrak{a}$ のベキ零根基を
$$\sqrt{\mathfrak{a}} = \{r \in R \mid r^n \in \mathfrak{a},\ \exists n \geqq 1\}$$
とするとき,
$$\bigcap_{0 \neq f \in \mathfrak{a}} R_f = \bigcap_{0 \neq f \in \sqrt{\mathfrak{a}}} R_f$$
が成立する. □

[命題 3.15 の証明] Hilbert の零点定理より,$V(\mathfrak{a}) = V(\mathfrak{b})$ なら両イデアルの根基は一致する.よって,補題 3.17 より $\mathcal{O}$ は矛盾なく定義されている.次に,開集合 $U = V(\mathfrak{a})^c$ が 開集合 $U_i = V(\mathfrak{a}_i)^c$ の和集合であるとしよう.
$$V(\mathfrak{a}) = \bigcap_{i \in I} V(\mathfrak{a}_i) = V(\sum_{i \in I} \mathfrak{a}_i)$$
であるが,イデアル $\sum_{i \in I} \mathfrak{a}_i$ は $\mathfrak{a}_i$ で生成されているので,補題 3.16 より
$$\mathcal{O}(V(\mathfrak{a})^c) = \bigcap_{i \in I} \mathcal{O}(V(\mathfrak{a}_i)^c)$$
が成立する.よって,$\mathcal{O}$ は簡易層である. ■

定義 3.18 R が k 上有限生成な整域のとき,

(i) 下部集合 $\mathrm{Spm}\, R$ (ii) Zariski 位相 (iii) 命題 3.15 の環の(簡易)層 $\mathcal{O}$ の三つ組を**アフィン代数多様体**(affine algebraic variety)という.最後の層 $\mathcal{O}$ はアフィン代数多様体の**構造層**(structure sheaf)と呼ばれる. □

R の(k 上の環としての)生成元 $r_1, r_2, \cdots, r_n$ を一組選んで,対応 $x_i \mapsto r_i$ の定める多項式環からの全射準同型写像を
$$k[x_1, x_2, \cdots, x_n] \longrightarrow R$$
とする.これの核 $\mathfrak{p}$ は素イデアルで,代数多様体 $\mathrm{Spm}\, R$ は,アフィン空間 $\mathbb{A}^n$ の部分多様体 $V(\mathfrak{p})$ と同型になる.R の生成元として別の $r'_1, r'_2, \cdots, r'_m$ をとってくると,$\mathrm{Spm}\, R$ は別のアフィン空間 $\mathbb{A}^m$ の中の別の部分多様体 $V(\mathfrak{p}')$ として実現される.このように,外部空間(ambient space) $\mathbb{A}^n$ や $\mathbb{A}^m$ と関係

なく，整域 R だけから定まっている点で，定義 3.18 は前節末よりも優れている．

後で必要になることをいくつか説明しておこう．

1. 射

有限生成整域の間の環準同型写像
$$\phi\colon S \longrightarrow R$$
は系 2.25 より両スペクトルの間の写像
$$Y = \operatorname{Spm} R \longrightarrow X = \operatorname{Spm} S, \quad \mathfrak{m} \mapsto \phi^{-1}(\mathfrak{m})$$
を定めるが，これは Zariski 位相に関して連続である．これを ${}^t\phi$ で表す．また，X, Y の構造層を $\mathcal{O}_X, \mathcal{O}_Y$, $X = \operatorname{Spm} S$ の開集合を U とするとき，環準同型写像
$$\mathcal{O}_X(U) \longrightarrow \mathcal{O}_Y(({}^t\phi)^{-1}U)$$
が自然に定まる．この連続写像と層準同型写像の対をアフィン代数多様体 Y から X への**射**(morphism)という．

ϕ が全射のとき，${}^t\phi$ は $\mathfrak{p} = \operatorname{Ker}\phi$ が定める閉部分集合 $V_\mathfrak{p}$ の上への同相写像である．これを**閉埋め込み**(closed immersion)という．

命題 3.19 ϕ が整な環拡大なら ${}^t\phi$ は全射である．

[証明] S の極大イデアルを $\mathfrak{m}$ とするとき，補題 2.20 より，イデアル $\mathfrak{m}R$ は R でない．よって，これを含む R の極大イデアル M が存在する．$M \cap S = \mathfrak{m}$ だから ${}^t\phi$ は全射である． ∎

2. 直積

素イデアル $\mathfrak{p}$ で定義される $\mathbb{A}^n$ の部分多様体 $X = V(\mathfrak{p})$ と素イデアル $\mathfrak{q}$ で定義される $\mathbb{A}^m$ の部分多様体 $Y = V(\mathfrak{q})$ の直積が
$$\{(a_1, \cdots, a_n, b_1, \cdots, b_m) \mid f(a) = g(b) = 0, \ \forall f(x) \in \mathfrak{p}, \ \forall g(y) \in \mathfrak{q}\}$$
として $\mathbb{A}^{n+m}$ の中で定義される．これを $X \times Y$ で表す．対応する有限生成整域は $(n+m)$ 変数多項式環
$$k[x_1, \cdots, x_n, y_1, \cdots, y_m]$$
のイデアル $\mathfrak{q}[x_1, \cdots, x_n] + \mathfrak{p}[y_1, \cdots, y_m]$ による剰余環で，これは X と Y を定める整域 $k[x_1, \cdots, x_n]/\mathfrak{p}$ と $k[y_1, \cdots, y_m]/\mathfrak{q}$ の k 上のテンソル積に外ならない．

(テンソル積が整域であることの証明は略す.)

自分自身との直積 $X \times X$ は特別な閉部分多様体をもっている.

例 3.20(対角線) 環と自分自身とのテンソル積 $R \otimes_k R$ は成分ごとの乗法
$$(a \otimes b) \times (c \otimes d) = ac \otimes bd$$
でもって,環になる.さらに,$a \otimes b \mapsto ab$ は全射環準同型を定める.これを $m: R \otimes_k R \longrightarrow R$ で表そう.これの定める閉埋め込み
$$m^t: X \longrightarrow X \times X$$
の像 Δ を**対角線**(diagonal)という. □

3. 一般のスペクトル

環層付き空間の構成は整域でない場合も同様である.

定義 3.21 環 R は $xy = 0$ なら $x = 0$ または y がベキ零であるとき**準素**(primary)という. □

準素環 R に対して, $X = \mathrm{Spm}\, R$ は既約である.実際,ベキ零元の全体 $\mathfrak{n}$ が素イデアルになり,剰余環 $R_{\mathrm{red}} := R/\mathfrak{n}$ は整域になる.X は,位相空間としては,$X_{\mathrm{red}} = \mathrm{Spm}\, R_{\mathrm{red}}$ と全く同じであるが,のっている層が違う(X_{red} より太っている).$\mathcal{O}_X$ は R の全商環(§7.2)を全体集合として,(3.4)や(3.5)と同様に定義される.各開集合 U に対して,全射環準同型写像 $\mathcal{O}_X \to \mathcal{O}_{X_{\mathrm{red}}}$ が存在する.この意味で,X_{red} は X の閉部分多様体である.

例 3.22 $R = k[\epsilon]/(\epsilon^2)$ が最も簡単な例である.ϵ の剰余類は零ではないが2乗すると零になる.$\mathrm{Spm}\, R$ は1点 $\mathrm{Spm}\, R_{\mathrm{red}}$ に R をのせたものである.$R = k[\epsilon]/(\epsilon^n)$ の場合も同様である. □

例 3.23 $\mathfrak{p}$ は R の素イデアルとする.$\mathrm{Spm}\, R/\mathfrak{p}^n$ は $X = \mathrm{Spm}\, R$ の閉部分多様体 $Y = \mathrm{Spm}\, R/\mathfrak{p}$ を下部位相空間とする環付き空間である.これを $Y \subset X$ の第 $(n-1)$ 次**無限小近傍**(infinitesimal neighborhood)という. □

この種のスペクトルとそれらの(形式的な)極限
$$\varinjlim_{n \to \infty} \mathrm{Spm}\, k[\epsilon]/(\epsilon^n), \quad \varinjlim_{n \to \infty} \mathrm{Spm}\, R/\mathfrak{p}^n$$
は変形理論で重要である(後者は $Y \subset X$ の形式的近傍と呼ばれる).

4. 支配射

環準同型写像 $\phi: S \longrightarrow R$ の定めるアフィン代数多様体の間の射を $\phi^t: X \longrightarrow Y$ とする．ϕ の核（素イデアル）を $\mathfrak{p}$，ϕ の像を $\overline{S}$ とおくと，準同型定理より，ϕ は全射準同型写像と単射準同型写像の合成

(3.6) $$S \longrightarrow S/\mathfrak{p} \simeq \overline{S} \hookrightarrow R$$

に分解する．前者は閉埋め込みを与える．

定義 3.24 ϕ が単射のとき ϕ^t は**支配的**(dominant)であるという． □

(3.6)より，勝手な射は支配射と閉埋め込みの合成

(3.7) $$X \longrightarrow Z \hookrightarrow Y$$

に分解する．

定理 3.25 アフィン代数多様体の間の射 $f: X \longrightarrow Y$ に対して，像 $f(X)$ の Zariski 閉包を Z とする．このとき，$f(X)$ は Z の空でない開集合を含む．

[証明] 上の分解(3.7)より，f が支配的な場合，すなわち $\phi: S \longrightarrow R$ が単射の場合を考えれば充分である．命題 2.26 より，合成 $S \hookrightarrow R \rightarrow \overline{R}$ が代数的となる剰余環 $\overline{R}$ が存在する．よって，R/S は代数的としてよい．補題 2.22 より $R[1/a]$ が $S[1/a]$ 上整となるような $0 \neq a \in S$ が存在する．命題 3.19 より f の像は開集合 $D(a) \subset Y$ を含む． ∎

代数多様体の間の射の像は必ずしも代数多様体ではないことに注意しよう．

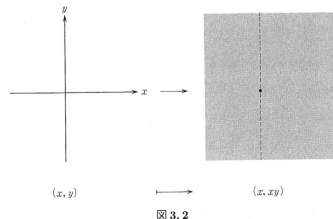

図 3.2

例 3.26　射
$$f: \mathbb{A}^2 \longrightarrow \mathbb{A}^2, \quad (x,y) \mapsto (x,xy)$$
の像は集合としては $\mathbb{A}^2 - \{x=0\}$ と原点の和集合である．前者は開集合として，後者は閉集合として，ともに $\mathbb{A}^2$ の部分多様体であるが，和集合はそうではない(図 3.2)．　□

5. 開埋め込み
R は S とその商体 K の中間環とする．

自然な単射 $\phi: S \hookrightarrow R$ の与える ϕ^t が開集合上への同相写像のとき，ϕ^t を**開埋め込み**(open immersion)という．次が最も典型的である．

例 3.27　R は S に $0 \neq s_1, \cdots, s_n \in S$ の逆元を付加した環
$$S\left[\frac{1}{s_1}, \cdots, \frac{1}{s_n}\right] \subset K$$
とする．このとき，$\operatorname{Spm} R \longrightarrow \operatorname{Spm} S$ は $V(s_1) \cup \cdots \cup V(s_n)$ の補集合の上への同相写像で，開埋め込みである．　□

6. 1 の分割[*1]
$f_1, \cdots, f_n \in R$ が R を(加群として)生成しているとする．すなわち，$1 = \sum_i a_i f_i$ をみたす $a_i \in R$ が存在するとしよう．$U_i = D(f_i)$ とおくと，これらは $X = \operatorname{Spm} R$ の開被覆をなす．ある性質 △ が X(または R)に対して成立しなくても，適当な 1 の分割に対する全ての U_i(または $R[1/f_i]$)に対して △ が成立することがある．このとき，X は**局所的に** △ であるという．

7. 次元
既約位相空間 X の n 個の既約閉(真)部分集合 $X_1, \cdots, X_n$ の包含列
$$X = X_0 \supsetneq X_1 \supsetneq \cdots \supsetneq X_n \supsetneq X_{n+1} = \varnothing$$
を考える．このような包含列は，どの i に対しても $X_i \supsetneq Y \supsetneq X_{i+1}$ なる既約閉部分集合 Y が存在しないとき，長さ n の極大鎖であるという．

X が代数多様体のとき，極大鎖の長さは一定で，それは関数体 $k(X)$ の(基礎体 k 上の)超越次元に一致する．これを代数多様体 X の**次元**(dimension)と定義し，$\dim X$ で表す．

[*1] 微分多様体に対して使われる $1 = \sum_i f_i(x)$ とは意味が違う．

§3.2 代数多様体

微分多様体や複素多様体が $\mathbb{R}^n$ や $\mathbb{C}^n$ の開集合を貼り合わせて得られるように代数多様体はアフィン代数多様体を貼り合わせて得られる．この貼り合わせの意味を明らかにしよう．

定義 3.28 k 上有限生成な体 K を全体集合とする環付き空間 $(X, \mathcal{O}_X)$ は，次の条件をみたす開被覆 $\{U_i\}_{i \in I}$ が存在するとき，**代数多様体**(algebraic variety)という．(代数関数体 K のモデルとも呼ばれる．)

(ⅰ) 各 U_i は K を商体とするアフィン代数多様体である．

(ⅱ) 各 $i, j \in I$ に対して，交わり $U_i \cap U_j$ は U_i の開部分集合である． □

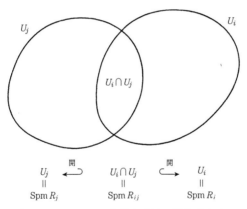

図 3.3 アフィン代数多様体の貼り合わせ

理想的な例は §5.4 で現われる．貼り合わせによる構成という観点からこの定義を検証しよう．

定義 3.29 $(A, \mathcal{O}_A)$ と $(B, \mathcal{O}_B)$ は体 K を共通の全体集合とする環付き空間とする．

(ⅰ) 位相空間 C から開埋め込み
$$\phi : C \hookrightarrow A, \quad \psi : C \hookrightarrow B$$
が存在するとき，A と B は共通の開部分集合 C をもつという．

(ⅱ) 上の状況で，A と B を C で貼り合せた位相空間を $W = A \cup_C B$ と

おき，W 上の簡易層 $\mathcal{O}_W$ を次で定める．
$$\mathcal{O}_A(U) = \mathcal{O}_A(U \cap A) \cap \mathcal{O}_B(U \cap B) \subset K.$$
ただし，$\emptyset \neq U \subset W$ は勝手な開集合である．このとき環付き空間 $(W, \mathcal{O}_W)$ を A と B の C による**貼り合わせ**という． □

共通の関数体と開集合をもつ二つのアフィン多様体をこの方法で貼り合わせて，代数多様体が得られる．よく現われるのは次の場合である．

定義 3.30 R と S は共通の商体 K をもつ整域とする．R の元 $a_m \neq 0$ と S の元 $b_n \neq 0$ があって，
$$R\left[\frac{1}{a}\right] = S\left[\frac{1}{b}\right] := T \subset K$$
をみたすとする．このとき，
$$\operatorname{Spm} T \hookrightarrow \operatorname{Spm} R, \quad \operatorname{Spm} T \hookrightarrow \operatorname{Spm} S$$
の定める貼り合わせを**単純**と呼ぶ． □

$R = S = T$ のときは（分離的な）貼り合わせであるが，新しい多様体を作り出さないので無視する．

定義 3.31

（i） 二つのアフィン代数多様体 U, U' の共通開集合 U'' による貼り合わせに対して，対角線埋め込み
$$U'' \longrightarrow U \times U', \quad u \mapsto (u, u)$$
の像を貼り合わせのグラフという．これが閉集合のとき，貼り合わせは**分離的**(separated)であるという[*2]．

（ii） 代数多様体 $X = \bigcup_{i \in I} U_i$ は全ての $i, j \in I$ に対して，貼り合わせ $U_i \cup U_j$ が分離的なとき，**分離的**という[*3]． □

(i)に関しては，応用上は次で充分である．

命題 3.32 定義 3.30 の単純貼り合わせ $\operatorname{Spm} R \cup_T \operatorname{Spm} S$ に対して，次の 2 条件は同値である．

（ア）分離的である．

[*2] 体拡大の分離性とは何の関係もない．

[*3] 分離的な代数多様体の下部集合としては K を商体とする局所環の集合とすることができる．

(イ) 環 $T \subset K$ は R と S で生成される. □

条件(イ)だけに目を奪われないように注意しよう.

例 3.33 $k[x, xy]$ と $k[xy, y]$ は $k[x, y]$ を生成するが,これは貼り合わせでない. □

例 3.34 K は 1 変数有理式体 $k(t)$ とする.これを商体とする二つのアフィン直線 $\mathbb{A}^1$ の貼り合わせを 2 通り考えよう.

（1） R も S も多項式環 $k[t]$ で,T は Laurent 多項式環 $k\left[t, \dfrac{1}{t}\right]$ とする.

（2） R も S も多項式環で,T はやはり Laurent 多項式環 $k\left[t, \dfrac{1}{t}\right]$ であるが,$R = k[t]$, $S = k\left[\dfrac{1}{t}\right]$ となっている. □

貼り合わせのグラフは図 3.4 の通りである.

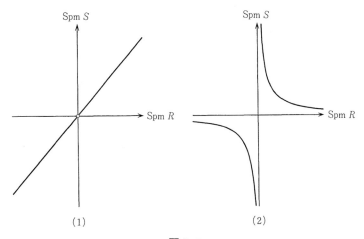

図 3.4

これからわかるように,(1)は原点が抜けているのでグラフは閉集合でない.よって非分離的な貼り合わせである.(2)は分離的である.実際,(2)の貼り合わせで射影直線 $\mathbb{P}^1$ が得られる.代数多様体の Zariski 位相は Hausdorff 的ではない.しかし,それにもかかわらず,この分離概念は,Hausdorff に対応している.これについては,演習問題 3.5 を見よ.代数多様体では直積の Zariski 位相は直積位相とは異なることに注意しよう.

定義 3.35　R と S は共通の商体 K をもつ整域とする．R と S の生成する部分環 $T = RS$ に対して定義 3.30 が成立するとき，$\mathrm{Spm}\,R$ と $\mathrm{Spm}\,S$ は分離的かつ単純に貼り合うという． □

定義 3.31 の (ii) は，開集合のとり方によらない概念である．実際，次が成立する．

命題 3.36　次の 2 条件は同値である．
(i)　代数多様体 X は分離的である．
(ii)　対角線射 $X \longrightarrow X \times X$ は閉埋め込みである． □

射影空間 $\mathbb{P}^n$ が上の定義の典型例である．

例 3.37　体 K は k 上の n 変数有理式体 $k(x_1, x_2, \cdots, x_n)$ であるが，$(n+1)$ 個の不定元 $X_0, X_1, \cdots, X_n$ を導入して，$x_i = X_i/X_0$ でもって，$K = k(x_1, x_2, \cdots, x_n)$ を $k(X_0, X_1, \cdots, X_n)$ の部分体とみる．K を商体とする $(n+1)$ 個の多項式環

$$R_i = k\left[\frac{X_0}{X_i}, \frac{X_1}{X_i}, \cdots, \frac{X_{i-1}}{X_i}, \frac{X_{i+1}}{X_i}, \cdots, \frac{X_n}{X_i}\right]$$

をとってくる．各 i, j に対して，R_i と R_j で生成される部分環を R_{ij} とする．このとき，$\mathrm{Spm}\,R_{ij}$ は $\mathrm{Spm}\,R_i$ と $\mathrm{Spm}\,R_j$ の分離的な単純貼り合わせである．$(n+1)$ 個のアフィン空間 $\mathrm{Spm}\,R_i$ をこれらで貼り合わせたものが（分離的）代数多様体としての**射影空間** $\mathbb{P}^n$ である． □

命題 3.5 より次を得る．

命題 3.38　射影空間 $\mathbb{P}^n$ の余次元 1 の部分多様体は一つの斉次多項式の零点集合と一致する． □

代数多様体 X から Y への射とは，下部位相空間の間の連続写像 $f: X \longrightarrow Y$ と構造層 $\mathcal{O}_Y$ から $\mathcal{O}_X$ への環準同型写像，すなわち，Y の各開集合 U に対する環準同型

$$\mathcal{O}_Y(U) \longrightarrow \mathcal{O}_X(f^{-1}U)$$

の対で次の条件をみたすもののことである．

☆　X のアフィン開被覆 $\{V_i\}$ と Y のそれ $\{U_j\}$ で，各 $f(V_i)$ はどれかの U_j に含まれるものがあり，各 i につき

$$f|_{V_i}: V_i \longrightarrow U_j$$

はアフィン代数多様体の射になっている．

言い替えると，代数多様体がアフィン代数多様体の貼り合わせであるように，これらの間の射もアフィン代数多様体の間の射，すなわち，環準同型写像の貼り合わせとして定義される．直積についても同様で，アフィン代数多様体の直積を貼り合わせて，代数多様体の直積 $X \times Y$ が定義される．

§3.3 関手と代数群

(a) 粗モジュライ

アフィン代数多様体 X の下部集合は k^n の中で多項式系の共通零点集合

☆ $F_1(x_1, x_2, \cdots, x_n) = F_2(x_1, x_2, \cdots, x_n) = \cdots = F_M(x_1, x_2, \cdots, x_n) = 0$

であるが，代数多様体の本質は多項式系そのもの，または，それの生成するイデアルにある．このことを一般の代数多様体に対しても見やすくするには関手の考え方が便利である．いま R を k 上の環として，方程式系 ☆ をみたす R の元の組

$$(x_1, x_2, \cdots, x_n) \in R^{\oplus n}$$

を考え，これを X の R **値点**という．また，これらの全体を X の R 値点集合と呼び，$\underline{X}(R)$ で表す．これは単なる集合だから，これ自身ではあまり意味がない．しかし，次の点に注意すると重要度が飛躍的に増大する．すなわち，k 上の環準同型写像 $f: R \longrightarrow S$ があったとしよう．当たり前のことだが，$(x_1, x_2, \cdots, x_n)$ が X の R 値点なら $(f(x_1), f(x_2), \cdots, f(x_n))$ は X の S 値点である．すなわち，写像 $\underline{X}(R) \longrightarrow \underline{X}(S)$ が定まる．これを $\underline{X}(f)$ で表そう．$f: R \longrightarrow S$ と $g: S \longrightarrow T$ がともに環準同型写像のとき

$$\underline{X}(g \circ f) = \underline{X}(g) \circ \underline{X}(f)$$

が成立する．以上のことを専門用語でいうと

＊ $\underline{X}$ は k 上の環の圏から集合の圏への**関手**(functor)である

といえる．代数多様体を，それ自体に形はないが，環を入力するごとに集合

を出力するプログラムのようなものであると考えている.

アフィン代数多様体から定まるこの関手は座標のとり方から自由であることも重要である. n 変数多項式環を $F_1(x), \cdots, F_M(x)$ で生成されるイデアルで割って得られる剰余環を

$$A = k[x_1, \cdots, x_n]/(F_1(x), \cdots, F_M(x))$$

とおこう. X の R 値点 $(a_1, \cdots, a_n)$ とは各 x_i に a_i を代入する多項式環からの準同型写像

$$k[x_1, \cdots, x_n] \longrightarrow R$$

でもって, 全ての $F_i(x)$ を零に写すものに外ならない. よって,

$$\underline{X}(R) = \mathrm{Hom}_k(A, R)$$

を得る.

定義 3.39 F, G は環の圏から集合の圏への二つの関手とする. 各環 R に対する写像 $\rho(R)$ の族

$$\{\rho(R) \colon F(R) \longrightarrow G(R)\}_R$$

は全ての環準同型 $f \colon R \to S$ に対して, 次の図式が可換なとき F から G への**射**(functorial morphism)または**自然変換**(natural transformation)といい, $\rho \colon F \longrightarrow G$ で表す.

$$\begin{array}{ccc} F(R) & \stackrel{\rho(R)}{\longrightarrow} & G(R) \\ F(f) \downarrow & & \downarrow G(f) \\ F(S) & \underset{\rho(S)}{\longrightarrow} & G(S) \end{array}$$

また, 自然変換の対

$$\rho \colon F \longrightarrow G, \quad \tau \colon G \longrightarrow F$$

でもって,

$$\tau\rho = \mathrm{id}_F \quad \rho\tau = \mathrm{id}_G$$

をみたすものが存在するとき, 二つの関手 F, G は同型であるという. □

一般の代数多様体 X に対しても関手 $\underline{X}$ が定義できる. X はアフィン多様体 U_i, $i \in I$, の貼り合わせで得られるので, アフィン多様体に対応する関手 $\underline{U_i}$ を貼り合わせて関手が得られる. この関手の同型類はアフィン開被覆 $\{U_i\}_{i \in I}$ のとり方によるが, アフィン開被覆を全て走らせて細分に関する極

限で得られる関手が $\underline{X}$ である.二つの代数多様体 X, Y の間の射は対応する関手 $\underline{X}, \underline{Y}$ の間の自然変換を導く.逆に,$\underline{X}, \underline{Y}$ の間の自然変換は全てこのようにして得られるものしかないことが知られている.(X, Y がアフィン多様体の場合には簡単である.)

環の圏から集合の圏への関手はこのように代数多様体 X(より一般にスキーム)の定める関手と同型なとき,**表現可能**(representable)または X で**表現**(represent)されるという.また,関手の**精密モジュライ**(fine moduli)ともいう.モジュライ問題では,表現可能性が望めない場合が多い.そのために,次の粗モジュライの概念が Mumford によって提唱された.

定義 3.40 環の圏から集合の圏への関手 F に対して,次の条件をみたす代数多様体 X(より一般にスキーム)はそれの**最良近似**という.

(i) 自然変換 $\rho: F \longrightarrow \underline{X}$ が存在する.

(ii) F から代数多様体(より正確にはスキーム)Y への自然変換の中で ρ は最も普遍的である.すなわち,自然変換 $\tau: F \longrightarrow \underline{Y}$ に対して,$\tau = \underline{f} \circ \rho$ をみたす射 $f: X \longrightarrow Y$ が一意的に存在する.

ρ がさらに次をみたすとき,X は**粗モジュライ**(corse moduli)という.

(iii) 代数的閉体 $k' \supset k$ に対して $\rho(k')$ はいつも全単射である. □

(b) 代 数 群

関手的な見方の別の効用をみよう.それは代数群の定義である.最も基本的な特殊線型群 $G = SL(n)$ を考えよう.これは $(x_{ij})_{1 \leq i, j \leq n}$ を座標とする n^2 次元アフィン空間の中の n 次超曲面

$$G: \det(x_{ij}) - 1 = 0$$

である.環 R に対して,これの R 値点集合は

$$\underline{G}(R) = \{(a_{ij}) \in R \times \cdots \times R \mid \det(a_{ij}) = 1\} =: SL(n, R)$$

すなわち,R を成分とする n 次特殊線型行列全体のなす群である.また,環準同型写像 $f: R \longrightarrow S$ の導く

$$\underline{G}(f): SL(n, R) \longrightarrow SL(n, S)$$

は群の準同型写像である.よって,$G = SL(n)$ は環 R に対して $SL(n, R)$ を

対応させる環の圏から群の圏への関手であることがわかった.これを一般化して,代数多様体 G でもって,それの定める $\underline{G}$ が群の圏への関手になっているもののことを**代数群**(algebraic group)という.

アフィンのものは次のようにも定義できる.

定義 3.41 A は k 上有限生成な環とする.余積,余単位,逆と呼ばれる環準同型写像

$$(3.8) \quad \begin{cases} \mu : A \longrightarrow A \otimes_k A \\ \epsilon : A \longrightarrow k \\ \iota : A \longrightarrow A \end{cases}$$

の三つ組が次の3条件をみたすとき,$G = \mathrm{Spm}\, A$ を**アフィン代数群**(affine algebraic group)という[*4].

(i) 図式

$$\begin{array}{ccc} A & \xrightarrow{\mu} & A \otimes_k A \\ \mu \downarrow & & \downarrow 1 \otimes \mu \\ A \otimes_k A & \xrightarrow{\mu \otimes 1} & A \otimes_k A \otimes_k A \end{array}$$

は可換である.

(ii) 合成

$$A \xrightarrow{\mu} A \otimes_k A \xrightarrow{1 \otimes \epsilon} k \otimes_k A \simeq A$$

と

$$A \xrightarrow{\mu} A \otimes_k A \xrightarrow{\epsilon \otimes 1} A \otimes_k k \simeq A$$

はどちらも恒等写像である.

(iii) 合成

$$A \xrightarrow{\mu} A \otimes_k A \xrightarrow{\mathrm{id} \otimes \iota} A \otimes_k A \xrightarrow{m} A$$

は ϵ と一致する.ただし,m は環 A の乗法から導かれる環準同型写像である. □

[*4] アフィンでない代数群の例として平面3次曲線がある.

三つの要請はそれぞれ群の結合律，単位元・(右)逆元の存在に対応している．実際，関手
$$G: (\text{環}) \longrightarrow (\text{集合})$$
は自然変換 μ, ϵ, ι とこれらの公理のおかげで群の圏を経由する．

例 3.42 有限群
$$G = \{g_1, g_2, \cdots, g_N\}$$
に対して，その群環とは $[g_1], [g_2], \cdots, [g_N]$ を基底とするベクトル空間 R に
$$m: R \times R \longrightarrow R, \quad ([a], [b]) \mapsto [ab], \quad a, b \in G$$
でもって，双線型な積を入れたものである．このベクトル空間としての双対 A に成分ごとの加法と乗法を入れる．このとき，m の双対
$$\mu = m^*: A \longrightarrow A \otimes A$$
は $\mathrm{Spm}\, A$ を代数群にする．例えば，$A = k[t]/(t^n - 1)$ と
$$\mu(t) = t \otimes t, \quad \epsilon(t) = 1, \quad \iota(t) = t^{n-1}$$
の組は n 次巡回群を代数群とみなしたものである．関手としては環 R に対して，群 $\{a \in R \mid a^n = 1\}$ を対応させている． □

例 3.43 A を 1 変数多項式環 $k[s]$ とし，環準同型 μ, ϵ, ι を
$$\mu(s) = s \otimes 1 + 1 \otimes s, \quad \epsilon(s) = 0, \quad \iota(s) = -s$$
で定めると代数群になる．これを k 上の加法群といい，$\boldsymbol{G}_a$ で表す．関手としては，環 R にそれ自身(加法で群になっている)を対応させている． □

例 3.44 A を 1 変数 Laurent 多項式環 $k[t, t^{-1}]$ とし，μ, ϵ, ι を
$$\mu(t) = t \otimes t, \quad \epsilon(t) = 1, \quad \iota(t) = t^{-1}$$
で定めると代数群になる．これを k 上の乗法群といい，$\boldsymbol{G}_m$ で表す．関手としては，環 R にそれの可逆元全体のなす乗法群 $R^\times$ を対応させている． □

例 3.45 n^2 変数多項式環 $k[x_{ij}: 1 \leq i, j \leq n]$ に行列式 $\det(x_{ij})$ の逆元を付加した環を A とする．$\mathrm{Spm}\, A$ は n^2 次元アフィン空間の開集合である．これは
$$\mu(x_{ij}) = \sum_{\ell=1}^{n} x_{i\ell} \otimes x_{\ell j}, \quad \epsilon(x_{ij}) = \delta_{ij}$$
そして，$\iota(x_{ij})$ は余因子行列の $\det(x_{ij})^{-1}$ 倍とすることによって代数群にな

る．これを一般線型代数群といい，$GL(n)$ で表す．$n=1$ のときは，上の乗法群 G_m である．関手としては環 R に対して，R の元を成分とする n 次正則正方行列 $A=(a_{ij})$ の全体 $GL(n,R)$ を対応させている． □

例 3.46
$$A_0 = k[x_{ij}: 1 \leqq i,j \leqq n]/(\det(x_{ij})-1)$$
は $A = k[GL(n)]$ の剰余環であるが，これの定義イデアル $(\det(x_{ij})-1) \subset A$ は ϵ の核に含まれ，μ, ι に関して閉じている．よって，$\mathrm{Spm}\, A_0$ は $GL(n)$ の部分代数群である．これは既にみた特殊線型代数群 $SL(n)$ に外ならない． □

代数群 G のアフィン代数多様体への作用も関手的な考え方より導かれる．念のために正確に述べておこう．

定義 3.47 アフィン代数群 $G = \mathrm{Spm}\, A$ のアフィン代数多様体 $X = \mathrm{Spm}\, R$ への作用 $G \times X \longrightarrow X$ とは環準同型写像
$$\mu': R \longrightarrow R \otimes_k A$$
で次の 2 条件をみたすものをいう．

(ⅰ) 合成
$$R \xrightarrow{\mu'} R \otimes_k A \xrightarrow{1 \otimes \epsilon} R$$
は恒等写像である．

(ⅱ) 次の図式は可換である．

$$\begin{array}{ccc} R & \xrightarrow{\mu'} & R \otimes_k A \\ \mu' \downarrow & & \downarrow \mu' \otimes 1_A \\ R \otimes_k A & \xrightarrow{1_R \otimes \mu} & R \otimes_k A \otimes_k A \end{array}$$

□

§3.4 完備性とトーリック多様体

(a) 完備代数多様体

複素多様体としての $\mathbb{C}$ 上の射影空間 $\mathbb{P}^n$ には $(2n+1)$ 次元球面
$$\{(z_0, z_1, \cdots, z_n) \mid |z_0|^2 + |z_1|^2 + \cdots + |z_n|^2 = 1\} = S^{2n+1}$$
からの全射連続写像がある．

$$S^1 \longrightarrow S^{2n+1} \subset \mathbb{R}^{2n+2} = \mathbb{C}^{n+1}$$
$$\downarrow \qquad\qquad\qquad \text{Hopf fibration}$$
$$\mathbb{P}^n$$

よって，$\mathbb{P}^n$ はコンパクトである．すなわち，どんな無限点列も収束する部分列を含む．この性質を代数多様体に対してどう表現するかがこの節の目標である．

定義 3.48 写像 $f\colon X \longrightarrow Y$ は $Z \subset X$ が閉集合なら像 $f(Z)$ も閉集合のとき**閉写像**という． □

普通の位相と違って Zariski 位相で考えているので，この条件は強力である．例えば，Y が既約 1 次元で $f(Z)$ が Y でなければ，それは有限集合である．また，$Y = \mathbb{A}^n$ のとき，像 $f(Z)$ が多項式系の共通零点集合であることを要求している．

定義 3.49 代数多様体 X は任意の代数多様体 Y に対して，射影 $\mathrm{pr}\colon X \times Y \longrightarrow Y$ が閉写像であるとき，**完備**(complete)であるという． □

完備代数多様体の閉部分多様体や直積が再び完備になることが定義より容易にわかる．

命題 3.50 完備な代数多様体 X から(分離)代数多様体 Y への射 $f\colon X \longrightarrow Y$ は閉写像である．

[証明] f のグラフ $\varGamma_f \subset X \times Y$ は対角線 $\varDelta \subset Y \times Y$ の引き戻しだから閉埋め込み．f は
$$X \simeq \varGamma_f \hookrightarrow X \times Y \xrightarrow{\mathrm{pr}} Y$$
の合成だから閉写像である． ■

例 3.51 アフィン直線の直積 $\mathbb{A}^1 \times \mathbb{A}^1$ の閉集合 $Z\colon xy = 1$ の射影による像は $\mathbb{A}^1$ から原点を除いたものである．よって，$\mathbb{A}^1$ は完備ではない． □

この例を使って次が示せる．

命題 3.52 完備なアフィン代数多様体 X は 1 点 $\mathrm{Spm}\,k$ だけである．

[証明] X をアフィン空間の閉部分多様体 $X \subset \mathbb{A}^n$ として実現しておく．$\mathbb{A}^n$ の座標を $x_1, \cdots, x_n$ としよう．そして，直積 $X \times \mathbb{A}^1 \ni (x, t)$ の閉集合

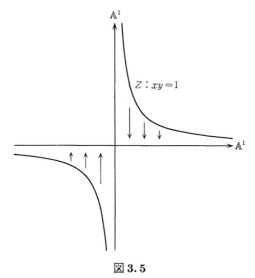

図 3.5

$$V(x_1 t - 1) \cap X \times \mathbb{A}^1$$

の $\mathbb{A}^1$ への射影を考える．これの像は $\mathbb{A}^1$ の原点を含まない．完備性により，像は 1 点か空集合である．1 点のときは，その座標を $t = a \, (\neq 0)$ とすると

$$X \subset V\left(x_1 - \frac{1}{a}\right)$$

を得る．また，空集合のときは

$$X \subset V(x_1)$$

である．よって，X の第 1 座標は点 $x \in X$ のとり方によらず，一定値をとる．他の座標に関しても同様だから X は 1 点である． ∎

代数多様体が完備であることが示せるのは，終結式か次の定理による．無限点列はいつも収束する部分列を含むというコンパクトの性質をよく近似していて覚えやすい．前節の R 値点を使って述べよう．

定理 3.53（付値判定法）　X は（分離）代数多様体とする．k を剰余体とする．勝手な付値環 V に対して V 値点集合から K_V 値点集合への写像

$$\underline{X}(V) \longrightarrow \underline{X}(K_V)$$

が全射ならば，X は完備である．ただし，K_V は V の商体である．

§3.4 完備性とトーリック多様体 —— 93

[証明] 射影 $X \times Y \longrightarrow Y$ が閉写像であるという性質は局所的だから，Y はアフィン代数多様体 $\mathrm{Spm}\, S$ として証明すればよい．Z を $X \times Y$ の閉集合としよう．Z は既約であるとして一般性を失わない．また，Y を $\pi_2|_Z: Z \longrightarrow Y$ の像の Zariski 閉包で置き換えて，$\pi_2|_Z$ は支配射として $\pi_2|_Z$ の全射性を示せばよい．y を Y の勝手な点としよう．$\mathfrak{m}$ を対応する S の極大イデアルとする．$\pi_2|_Z$ は体の埋め込み
$$k(Y) \hookrightarrow k(Z)$$
を導く．よって，定理 2.37 より，$(S, \mathfrak{m})$ を支配する $k(Z)$ の付値環がある．それを $(V, \mathfrak{m}_V)$ としよう．S から V への単射 $S \hookrightarrow V$ があって，$\mathfrak{m}_V \cap S = \mathfrak{m}$ が成立している．$\pi_1|_Z: Z \longrightarrow X$ は X の $k(Z)$ 値点を定めている．よって，X の K_V 値点を定めている．X に対する仮定より，この $k(Z)$ 値点
$$\mathrm{Spm}\, V \longrightarrow X$$
を誘導する X の V 値点，言い替えると，アフィン開集合の関数環 R からの準同型写像 $R \longrightarrow V$ が存在する．$S \hookrightarrow V$ とこれとのテンソル積 $R \otimes_k S \hookrightarrow V$ と $V \longrightarrow V/\mathfrak{m}_V \simeq k$ との合成は $X \times Y$ の点を定めている．Z は閉集合であるから，作り方より，この点は Z に入っている．よって y は Z の像に入っている． ∎

次は最も簡単な応用である．

命題 3.54 射影空間 $\mathbb{P}^n$ は完備である．

[証明] 例 3.37 より，$\mathbb{P}^n$ は $(n+1)$ 個のアフィン空間
$$U_i = \mathrm{Spm}\, k[X_j/X_i \mid j \neq i], \quad 0 \leq i \leq n$$
で覆われている．$\mathbb{P}^n$ の K_V 値点を斉次座標 $(a_0 : a_1 : \cdots : a_n)$ で表そう．そして，これらの付値 $v(a_0), v(a_1), \cdots, v(a_n) \in \Lambda$ の最小値を $v(a_i)$ とする．$a_0, a_1, \cdots, a_n$ の中には零でないものがあるから $a_i \neq 0$ である．また，$v(a_j/a_i) \geq 0$ だから a_j/a_i は付値環 V に属する．よって，この点 $(a_0 : a_1 : \cdots : a_n) = (a_0/a_i : a_1/a_i : \cdots : a_n/a_i)$ は U_i の V 値点である． ∎

系 3.55 射影空間に閉埋め込みをもつ代数多様体（射影的代数多様体という）は完備である． □

(b) トーリック多様体

実ベクトル空間 $N_\mathbb{R} = \mathbb{R}^n$ の有理凸多角錐による分割ごとに完備な(トーリック)多様体が得られることを示そう．$N_\mathbb{R}$ の点で座標が全て整数の点を格子点と呼び，それらの全体を N で表す．$N_\mathbb{R}$ の n 次元凸多角錐は格子点を通る半直線で生成されるとき，**有理的**(rational)という．

定義 3.56 $N_\mathbb{R}$ の有理的な n 次元非退化閉凸多角錐[*5]の集合
$$\Sigma = \{\sigma_1, \sigma_2, \cdots, \sigma_t\}$$
でもって，次の条件をみたすものを**扇**(fan)という．

☆ 各 $1 \leq i \neq j \leq t$ に対して，交わり $\sigma_i \cap \sigma_j$ は σ_i (と σ_j)の面である[*6]． □

$\sigma_1, \sigma_2, \cdots, \sigma_t$ の 1 次元の面(半直線)を $\ell_1, \ell_2, \cdots, \ell_s$ で表す．

N の双対加群を M で表し，M の群環 $k[M]$ のスペクトルを T で表す．基底を選べば，$M \simeq \mathbb{Z}^n$ で $k[M]$ は n 変数 Laurent 多項式環
$$k[x_1, \cdots, x_n, x_1^{-1}, \cdots, x_n^{-1}]$$
と同型である．$m \in M \simeq \mathbb{Z}^n$ に対応する Laurent 単項式を x^m で表す．$T = \mathrm{Spm}\, k[M]$ は，
$$\mu: k[M] \longrightarrow k[M] \otimes k[M], \quad x^m \mapsto x^m \otimes x^m, \quad m \in M$$
でもって代数群になる．これは $\boldsymbol{G}_m$ の n 個の直積に同型である．

M と N の間の自然な非退化双準同型写像を
$$\langle\ ,\ \rangle: M \times N \longrightarrow \mathbb{Z}$$
で表す．各錐 σ_i と $\sigma_i \cap \sigma_j$ は M の部分半群
$$M_i = \{m \in M \mid \langle m, \alpha \rangle \geq 0,\ \forall \alpha \in \sigma_i\}$$
と
$$M_{ij} = \{m \in M \mid \langle m, \alpha \rangle \geq 0,\ \forall \alpha \in \sigma_i \cap \sigma_j\}$$
を定める．よって，Laurent 多項式環の部分環 $k[M_i]$ を定める．σ_i は非退化

[*5] 簡単のために $N_\mathbb{R}$ と同次元の錐に限定した．凸錐は直線を含まないとき非退化という．

[*6] $\mathbb{R}^n$ 上の線型関数 f に対して半空間 $f(x) \geq 0$ が定まる．凸錐 σ がこれに含まれるとき，f は σ の支持関数(supporting function)という．多角錐 σ とその支持関数 f の定める部分空間 $f(x) = 0$ の共通部分を σ の面(face)という．

だから，これの商体は $k(x_1,\cdots,x_n)$ である．より精密に，各 $\mathrm{Spm}\,k[M_i]$ は T を開部分集合として含む．さらに，
$$\mu_i\colon k[M_i] \longrightarrow k[M_i]\otimes k[M], \quad x^{m'} \mapsto x^{m'}\otimes x^{m'}, \quad m' \in M_i$$
でもって，T は $\mathrm{Spm}\,k[M_i]$ に作用している．

補題 3.57 各 $1 \leqq i \neq j \leqq t$ に対して，$\mathrm{Spm}\,k[M_i]$ と $\mathrm{Spm}\,k[M_j]$ は $\mathrm{Spm}\,k[M_{ij}]$ でもって分離的かつ単純に貼り合う． □

これは定義 3.56 の条件 ☆ より従う．

定義 3.58 $\mathrm{Spm}\,k[M_1],\cdots,\mathrm{Spm}\,k[M_t]$ を共通の商体 $k(x_1,\cdots,x_n)$ の中で貼り合わせて得られる(分離的)代数多様体を扇 Σ から定まる**トーリック多様体**といい，$X(\Sigma)$ で表す． □

トーリック多様体は T を開集合として含む．さらに，これには代数群 T が作用している．

例 3.59 $n=1$, $s=t=2$ で $\ell_1=\sigma_1$ は数直線の正の部分，$\ell_2=\sigma_2$ は負の部分とする．このとき，$k[M_1]=k[x]$ と $k[M_2]=k[x^{-1}]$ で，両者のスペクトルは単純に貼り合って射影直線 $\mathbb{P}^1$ を定める． □

例 3.60 $n=2$, $s=t=4$ で $\ell_1,\cdots,\ell_4$ は $(0,\pm1),(\pm1,0)$ で生成される半直線とする．また，σ_i は第 i 象限とする．このとき，
$$k[M_1]=k[x,y], \qquad k[M_2]=k[x^{-1},y]$$
$$k[M_3]=k[x^{-1},y^{-1}], \qquad k[M_4]=k[x,y^{-1}]$$
である．これらは単純に貼り合って射影直線の積 $\mathbb{P}^1\times\mathbb{P}^1$ を定める． □

例 3.61 $n=2$, $s=t=3$ で ℓ_1,ℓ_2,ℓ_3 は $(0,1),(1,0),(-1,-1)$ で生成され

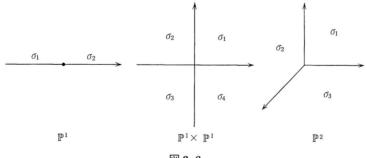

図 3.6

る半直線とする．また，$\sigma_1, \sigma_2, \sigma_3$ はこれらで区切られた三つの領域とする．このとき，
$$k[M_1] = k[x, y], \quad k[M_2] = k[x^{-1}, x^{-1}y], \quad k[M_3] = k[y^{-1}, xy^{-1}]$$
である．これらは単純に貼り合って射影平面 $\mathbb{P}^2$ を定める． □

1次元乗法群 $\boldsymbol{G}_m$ からトーラス T への準同型写像 λ を1パラメータ群という．これの全体は Abel 群をなすが，それが N に外ならない．$\boldsymbol{G}_m$ は多様体としては射影直線 $\mathbb{P}^1$ から2点を除いたものである．よって，これを含むアフィン直線 $\mathbb{A}^1$ が二つある．これらは $\boldsymbol{G}_m$ の自己同型 $t \leftrightarrow t^{-1}$ で移り合うが，そのうちの一つ $\boldsymbol{G}_m \hookrightarrow \mathbb{A}^1$ を固定しておく．

T が代数多様体 $X(\Sigma)$ に作用しているので，1パラメータ群 λ があるとそれを介して $\boldsymbol{G}_m$ が $X(\Sigma)$ へ作用する．また，射 $\boldsymbol{G}_m \longrightarrow T$ と $T \hookrightarrow X(\Sigma)$ の合成を同じ記号 λ で表す．これが，$\boldsymbol{G}_m$ を含む $\mathbb{A}^1$ からの射に拡張できるとき，1パラメータ群 λ は $X(\Sigma)$ の中で極限をもつという．これで次を述べる準備が整った．

定理 3.62 $X(\Sigma) = \bigcup_{i=1}^{t} \operatorname{Spm} k[M_i]$ は扇 $\Sigma = \{\sigma_i\}_{i=1}^{t}$ より定まる n 次元トーリック多様体とする．このとき，次の3条件は同値である．

（ⅰ） $X(\Sigma)$ は完備である．

（ⅱ） トーラス T の全ての1パラメータ群 $\lambda: \boldsymbol{G}_m \longrightarrow T \subset X(\Sigma)$ は $X(\Sigma)$ の中で極限をもつ．

（ⅲ） 扇 Σ は破れがない，すなわち，
$$\bigcup_{i=1}^{t} \sigma_i = N_{\mathbb{R}}$$
である． □

(c) 付値の近似

次の補題はよく知られている．

補題 3.63 $\mathbb{R}^n$ の凸錐 P は $\mathbb{R}^n$ 全体ではないとする．このとき，P を含む半空間が存在する．すなわち，零でない線型関数 $f: \mathbb{R}^n \longrightarrow \mathbb{R}$ でもって
$$P \subset \{x \in \mathbb{R}^n \mid f(x) \geqq 0\}$$

なるものが存在する. □

 $v\colon K^* \longrightarrow \Lambda$ を有理式体 $K=k(x_1,\cdots,x_n)$ の付値とする.

補題 3.64 準同型写像 $f\colon M \longrightarrow \mathbb{R}$ でもって,
$$f(m)>0 \Longrightarrow v(x^m)>0, \quad f(m)<0 \Longrightarrow v(x^m)<0$$
をみたすものが(定数倍を除いて一意的に)存在する.

[証明] 付値 v の値が非負な単項式全体を
$$M_v = \{m \in M \mid v(x^m) \geqq 0\}$$
とおく. これは M の充満(saturated)な部分半群である. よって, $M_v = P \cap M$ をみたす凸錐 $P \subset M_\mathbb{R}$ が存在する. $P=\mathbb{R}^n$ なら, 全ての Laurent 単項式 m に対して $v(m)=0$ である. よって, このときは $f\equiv 0$ とおけばよい. P が真部分集合なら, 上の補題の条件をみたす f をとってくると,
$$v(x^m) \geqq 0 \Longrightarrow f(m) \geqq 0$$
が成立する. m を $-m$ で置き換えて,
$$v(x^m) \leqq 0 \Longrightarrow f(m) \leqq 0$$
も成立する. よって, 両者の対偶をとって, 命題を得る. ∎

これから次の近似定理が導かれる.

命題 3.65 有限個の $m_1,\cdots,m_K \in M$ に対して
$$v(x^{m_i}) \begin{cases} >0 \\ =0 \\ <0 \end{cases} \Longleftrightarrow g(m_i) \begin{cases} >0 \\ =0 \\ <0 \end{cases}$$
をみたす準同型写像 $g\colon M \longrightarrow \mathbb{Z}$ が存在する.

[証明] M の階数に関する帰納法で示そう. 補題 3.64 の $f\colon M \longrightarrow \mathbb{R}$ をとってきて,
$$M_0 = \{m \in M \mid f(m)=0\}$$
とおく. $m_1,\cdots,m_K \in M$ を並べ替えて, それらのうち最初の L 個の $m_1,\cdots,m_L$ が M_0 に属し, 残りは属さないとしよう. f は実数値ではあるが, $m_{L+1},\cdots,m_K$ に対して定理の要求をみたしている. 有理数の全体 $\mathbb{Q} \subset \mathbb{R}$ は稠密だから, この要求をみたしたまま f を摂動して有理数値にできる. これに正整数

を掛けて分母を払ったものを g_{main} としよう．$L=0$ なら，これで証明が終わっている．そこで $m_1, \cdots, m_L$ に着目しよう．帰納法の仮定より，$h: M_0 \longrightarrow \mathbb{Z}$ でもって，全ての $1 \leqq i \leqq L$ に対して，
$$v(x^{m_i}) >, =, < 0 \iff h(m_i) >, =, < 0$$
をみたすものが存在する．h の M 全体への勝手な拡張を $g_{\text{sub}}: M \longrightarrow \mathbb{Z}$ としよう．充分大きな自然数 N に対する $g = Ng_{\text{main}} + g_{\text{sub}}$ が求めるものである．∎

[定理 3.62 の証明] (i) $\implies$ (ii) 直積 $\mathbb{A}^1 \times X$ の中で $\lambda: G_m \longrightarrow T$ のグラフ
$$\Gamma \subset G_m \times X$$
を考えよう．そして，それの Zariski 閉包を $\widetilde{\Gamma}$ とし，射影の制限 $\widetilde{\Gamma} \longrightarrow \mathbb{A}^1$ を考えよう．X は完備だから，これは全射である．$\mathbb{A}^1$ の原点での局所環(例 2.31)は付値環だから $\widetilde{\Gamma} \longrightarrow \mathbb{A}^1$ は同型である(演習問題 2.9)．よって，$\widetilde{\Gamma}$ をグラフとする射 $\widetilde{\lambda}: \mathbb{A}^1 \longrightarrow X$ が求めるものである．

(ii) $\implies$ (iii) $n \in N$ に対応する 1 パラメータ群を $\lambda_n: G_m \longrightarrow T \subset X$ とし，それの極限点が $\mathrm{Spm}\, k[M_i]$ に入っているとしよう．このとき，$n \in \sigma_i$ である．よって，扇の和集合は整数点 $N \subset N_\mathbb{R}$ を全て含む．よって，(iii)を得る．

(iii) $\implies$ (i) $\sigma_1, \cdots, \sigma_t$ の面である半直線を $\ell_1, \cdots, \ell_s$ とし，それらを生成する格子点を $m_1, \cdots, m_s$ とする．そして，Laurent 単項式 $x^{m_1}, \cdots, x^{m_s}$ に付値判定法(定理 3.53)を適用しよう．トーリック多様体の境界(開軌道の補集合)は(既約な)トーリック多様体の和集合である．よって X の商体 $k(x_1, \cdots, x_n)$ の付値 v を考えれば充分である．上の近似定理を $m_1, \cdots, m_s$ に適用して得られる準同型写像を $g \in N = \mathrm{Hom}(M, \mathbb{Z})$ とする．扇は破れがないから，g を含む錐 σ_i が存在する．このとき，$g(M_i) \geqq 0$ である．この σ_i に対応する環 $k[M_i]$ は Laurent 単項式 $x^{m_1}, \cdots, x^{m_s}$ の中のいくつかで生成されている．その生成元に対しては $g(m_j) \geqq 0$ より，$v(x^{m_j}) \geqq 0$ である．よって，$k[M_i]$ は v の付値環 V に含まれる．これで X の V 値点が得られた．∎

例 3.66 階数 $n+1$ の格子 $\widetilde{N} \simeq \mathbb{Z}^{n+1}$ の元 $\vec{a} = (a_0, a_1, \cdots, a_n)$ は原始的，すなわち，$a_0, a_1, \cdots, a_n$ の最大公約数は 1 であるとする．このとき，剰余群 $N = \widetilde{N}/\mathbb{Z}\vec{a}$ は自由 Abel 群である．さらに，$a_0, a_1, \cdots, a_n$ は全て正とする．このと

き, $\tilde{N}\otimes\mathbb{R}=\mathbb{R}^{n+1}$ の第 1 象限は $\vec{a}$ を中心として $(n+1)$ 個の領域に分割される. よって, これを射影することによって, $N\otimes\mathbb{R}=\mathbb{R}^n$ も $(n+1)$ 個の領域に分割される. この扇に対応する完備トーリック多様体を**荷重射影空間** (weighted projective space) といい, $\mathbb{P}(a_0:a_1:\cdots:a_n)$ で表す. $a_0=a_1=\cdots=a_n=1$ のときは, 通常の n 次元射影空間 $\mathbb{P}^n$ である. 例 3.37 のように, $(n+1)$ 個の変数 $X_0, X_1, \cdots, X_n$ をとってくる. このとき, $k[M]$ は
$$X_0^{m_0} X_1^{m_1} \cdots X_n^{m_n}, \quad a_0 m_0 + a_1 m_1 + \cdots + a_n m_n = 0$$
を基底とする Laurent 多項式環である. また, $k[M_i]$ はその中で, m_i 以外は全て非負なものを基底とする $k[M]$ の部分環である. □

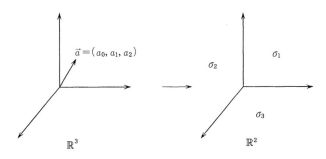

図 3.7

《要 約》

3.1 Zariski 位相の付いた $\mathbb{C}^n$ と環の簡易層
（基本開集合）$\{f(x_1,\cdots,x_n)\neq 0\} \mapsto k[x_1,\cdots,x_n,1/f(x)]$（有理式のなす環）の対を n 次元アフィン空間といい, $\mathbb{A}^n$ で表す.

3.2 （代数的閉）体上有限生成な整域 R の極大イデアルの全体にも $\mathbb{A}^n$ と同様の Zariski 位相と環の簡易層を与えることができる. これをアフィン代数多様体といい, $\mathrm{Spm}\,R$ で表す. $\mathrm{Spm}\,R$ から $\mathrm{Spm}\,S$ への射とは S から R への環準同型写像のことである.

3.3 同じ商体をもつアフィン代数多様体を貼り合わせたものが代数多様体であるが, 分離的な貼り合わせに限る場合が多い. 代数多様体の多くの性質はそれ

のアフィン開被覆を使って定義される．

3.4 代数多様体は基礎体上の環の圏から集合の圏への関手を定める．勝手な関手は代数多様体 X の定める関手と同型なとき表現可能という．また，それをよく近似しているとき X は関手の粗モジュライであるという．代数群とは，代数多様体であって，それの定める関手が群の圏を経由しているもののことで，アフィンの場合はいくつかの性質をみたす環準同型写像（余積）$A \longrightarrow A \otimes A$ の付いた $\mathrm{Spm}\, A$ のことである．

3.5 代数多様体はそれをファイバーとする射影がいつも閉写像であるとき完備という．しかし，実用においては，付値判定法でもって示されることが多い．例えば，これを使って，トーリック多様体が完備であることとそれを定義する扇に破れのないことが同値であることを示した．

———————— 演習問題 ————————

3.1 n 次元 Euclid 空間 $\mathbb{R}^n$ は $n \geq 1$ のとき定義 3.13 の意味で可約であることを示せ．また，Noether 的でないことを示せ．

3.2 Noether 位相空間は有限個の既約閉部分集合の和集合に（一意的に）表されることを示せ．

3.3 準素環のベキ零元の全体は素イデアルであることを示せ．

3.4 S は環 $\mathbb{Z}[\sqrt{-5}]$ で，R はそれに $(1+\sqrt{-5})/2$ を付加した環とする．このとき，$\mathrm{Spm}\, R \longrightarrow \mathrm{Spm}\, S$ は開埋め込みであることを示せ．

3.5 X は位相空間で，自分自身との直積 $X \times X$ に直積位相を入れる．このとき，対角線集合 $\Delta \subset X \times X$ が閉集合であることと X が Hausdorff 的であることは同値であることを示せ．

3.6 2次元 Euclid 平面 $\mathbb{R}^2$ を通常の距離で位相空間と考える．このとき，

$$\phi \colon \mathbb{R}^2 \longrightarrow \mathbb{R}^2, \quad (x,y) \mapsto \left(2x, \frac{y}{2}\right)$$

は同相写像である．原点を除いた平面 $\mathbb{R}^2 - \{0\}$ にこの同相写像で生成される巡回群を作用させたとき，その商位相空間は Hausdorff 的でないことを示せ．

代数群と不変式環

　不変式環の構造(生成元やそれらの間の関係式)を決めることは一般的には難しい.しかし,代数多様体としてのモジュライの存在をいうにはそれがわからなくてもよい.Galois 理論のような精密さで,環の不変イデアルと不変式環のイデアルの間の関係がよくわかればよい.これがうまく行くのは線型簡約性のおかげである.この章はこの概念を中心に進んでいくが,その前に代数群の表現を厳密に定義しておこう.いくつかの大事な性質は定義を忠実に追うしかない.例えば,全ての表現が局所有限であることがその定義から直接従う.

　§4.4 では 2 変数古典不変式環の Poincaré 級数を決定する. $SL(n)$ の線型簡約性は §4.3 で Casimir 作用素を用いて証明されるが,最終節では $SL(2)$ の場合の別証明を与える.

§4.1　代数群の表現

　体 k 上のアフィン代数群を $G = \mathrm{Spm}\, A$ とする.

　定義 4.1　ベクトル空間 V と線型写像 $\mu_V : V \longrightarrow V \otimes_k A$ の組で次の 2 条件をみたすものを G の(または A の)**表現**(representation)という.混乱の恐れのないときは μ_V を μ で表す.

　(ⅰ)　合成

は恒等写像である.

(ii) 次の図式は可換である.

$$
\begin{array}{ccc}
V & \xrightarrow{\mu_V} & V \otimes_k A \\
\mu_V \downarrow & & \downarrow \mu_V \otimes 1_A \\
V \otimes_k A & \xrightarrow{1_V \otimes \mu_A} & V \otimes_k A \otimes_k A
\end{array}
$$

ただし,μ_A は G の余積,ϵ は余単位である. □

例 4.2 代数群 G の座標環 A は G の表現である. □

例 4.3 $\rho\colon G \longrightarrow GL(n)$ を代数群の間の準同型射とする(例 3.45).$GL(n)$ の関数環を $k[X_{ij},(\det X)^{-1}]$ と表し,X_{ij} の ρ による引き戻しを f_{ij} で表す.このとき,$\{e_i\}$ を基底とする n 次元ベクトル空間は $e_i \mapsto \sum_j e_j \otimes f_{ji}$ でもって,G の表現になる. □

通常の表現に対する種々の概念が定義 4.1 の表現に対しても定義される.

定義 4.4

(i) $x \in V$ は $\mu(x) = x \otimes 1$ が成立するとき,G 不変であるという.

(ii) 部分ベクトル空間 $U \subset V$ は $\mu(U) \subset U \otimes A$ が成立するとき,部分表現という. □

注意 標数零の体上の代数群の連結成分の座標環は整域である.よって,これらは普通の意味で G 不変($g \cdot x = x$, $\forall g \in G$)や部分表現というのと同値である(演習問題 4.8).

代数群の定義から次が従う.

命題 4.5 G の表現 V は局所有限である.すなわち,各元 $x \in V$ に対して,x を含む有限次元部分表現が存在する.

[証明]

$$\mu(x) = \sum_i x_i \otimes f_i, \quad x_i \in V, \quad f_i \in A$$

とおく.ただし,$\{f_i\}$ は k 上線型独立になるようにしておく.もちろん,右

辺は有限和である．$\{x_i\}$ で生成される部分ベクトル空間 V_0 が求めるものである．実際，定義 4.1 の (i) より，$x = \sum_i \epsilon(f_i) x_i$ が成立するので，確かに $x \in V_0$ である．同定義の可換図式 (ii) より

$$\sum_i \mu(x_i) \otimes f_i = \sum_i x_i \otimes \mu_A(f_i) \in V_0 \otimes_k A \otimes_k A$$

を得るが，$\{f_i\}$ は線型独立だから，各 i に対して，$\mu(x_i) \in V_0 \otimes A$ を得る．∎

例 3.44 の乗法群 G_m の表現は簡明である．ベクトル空間 V は，全ての元 v に対して $\mu_V(v) = v \otimes t^m$ とおくことにより，G_m の表現になる．これを重み $m \in \mathbb{Z}$ の表現というが，これらの直和で表現が尽きている．

命題 4.6 G_m の表現 V は重み $m \in \mathbb{Z}$ の部分表現 $V_{(m)}$ の直和である．

［証明］ 方針は上の命題と同じである．各整数 $m \in \mathbb{Z}$ に対して，

$$V_{(m)} = \{v \in V \mid \mu(v) = v \otimes t^m\}$$

とおくと，これは部分表現になっている (演習問題 4.4)．各元 $v \in V$ に対して，

$$\mu(v) = \sum_{m \in \mathbb{Z}} v_m \otimes t^m, \quad v_m \in V$$

で v_m を定めると余単位 ϵ を使って $v = \sum_{m \in \mathbb{Z}} v_m$ がわかる．また表現の定義より，

$$\sum_{m \in \mathbb{Z}} \mu(v_m) \otimes t^m = \sum_{m \in \mathbb{Z}} v_m \otimes (t \otimes t)^m \in V \otimes A \otimes A$$

を得る．$\{t^m\}_{m \in \mathbb{Z}}$ は 1 次独立だから $\mu(v_m) = v_m \otimes t^m$ で v_m は $V_{(m)}$ に属する．∎

$v \in V$ は $v \in V_{(m)}$ のとき，**重み m の斉重元**(または斉重ベクトル)という．G_a の表現も簡明である．

命題 4.7 (基礎体の標数は零とする．) V が $G_a = \mathrm{Spm}\, k[s]$ の表現なら局所ベキ零な自己準同型 $f \in \mathrm{End}\, V$ が存在して，

$$\mu(v) = \sum_{n=0}^{\infty} f^n(v) \otimes \frac{s^n}{n!}$$

が成立する．

［証明］ $\delta_n : V \longrightarrow V$ を

$$\mu(v) = \sum_{n=0}^{\infty} \delta_n(v) \otimes s^n \in V \otimes k[s]$$

でもって定める.表現の定義より,

$$\delta_0(v) = v, \quad \sum_{n=0}^{\infty} \mu(\delta_n(v)) \otimes s^n = \sum_{n=0}^{\infty} \delta_n(v) \otimes (s \otimes 1 + 1 \otimes s)^n$$

を得る.後者より,

$$\delta_m(\delta_n(v)) = \binom{m+n}{m} \delta_{m+n}(v)$$

だから,$f = \delta_1$ とおいて命題が得られる.

G のアフィン代数多様体 $X = \operatorname{Spm} R$ への作用を前章で定義したが,これは G の表現

$$\mu_R \colon R \longrightarrow R \otimes_k A$$

で環準同型になっているものに外ならない.G 不変式の全体

$$R^G = \{ f \in R \mid \mu(f) = f \otimes 1 \}$$

は R の部分環である.

例 4.8 $\mu \colon V \longrightarrow A \otimes_k V$ を有限次元表現,$x_1, \cdots, x_n$ を V の基底とする.このとき,μ は自然に多項式環の間の環準同型

$$k[x_1, \cdots, x_n] \longrightarrow A[x_1, \cdots, x_n]$$

に拡張できる.これは G が V の双対空間(をアフィン多様体とみたもの)に線型に作用していることに外ならない. □

これと例 4.3 が,定義 4.1 と通常の表現との関係を与える.

命題 4.6 と 4.7 より次を得る.

例 4.9 乗法群 $G_m = \operatorname{Spm} k[t, t^{-1}]$ の $X = \operatorname{Spm} R$ への作用とは,関数環 R に次数付け

$$R = \bigoplus_{m \in \mathbb{Z}} R_m, \quad R_m R_n \subset R_{m+n}$$

を与えることに外ならない.G 不変式とは重み零の斉重式である.また,各 R_m で m 倍する線型写像の直和

$$E \colon R \longrightarrow R, \quad \sum_{m \in \mathbb{Z}} f_m \mapsto \sum_{m \in \mathbb{Z}} m f_m$$

は R の微分で,(標数が零なら)G 不変式とは微分 E で消える式(R の元)のことである(Euler 作用素).　□

例 4.10　(基礎体の標数は零とする.)　代数群 $G_a = \mathrm{Spm}\, k[s]$ の $X = \mathrm{Spm}\, R$ への作用に対して,関数環 R の局所ベキ零な微分 $D \in \mathrm{End}\, R$ が存在して,

$$\mu(f) = \sum_{n \geq 0}^{\infty} D^n(f) \otimes \frac{s^n}{n!}, \quad f \in R$$

が成立する.　ただし,局所有限とは全ての $f \in R$ に対して上式の右辺が有限和となることである.　G 不変式とは微分 D で消える式のことである.　□

不変元だけでなく半不変元も重要である.

定義 4.11　$G = \mathrm{Spm}\, A$ は代数群とする.　G 上の関数 $\chi \in A$ は

$$\mu_G(\chi) = \chi \otimes \chi \quad \text{と} \quad \iota(\chi) \cdot \chi = 1$$

をみたすとき,G の**(1 次元)指標**(character)という.　□

G の指標は関数環 A の可逆元である.　また,それらの全体 $X(G)$ は A の乗法群の部分群になっている.　χ が指標で V が 1 次元ベクトル空間のとき,

$$\mu: V \longrightarrow V \otimes_k A, \quad \mu(v) = v \otimes \chi$$

は G の表現である.　逆に 1 次元の表現は全てこのようにしてえられる.

補題 4.12　一般線型群 $GL(n)$ の指標は行列式の整数乗 $\det(x_{ij})^n$ だけである.

[証明]　行列式 $\det(x_{ij})$ は既約なので,$k[x_{11}, x_{12}, \cdots, x_{nn}, \det(x_{ij})^{-1}]$ の可逆元は $\det(x_{ij})^n$ だけである.　よって指標もそれらだけである.　■

定義 4.13　χ は G の指標とする.　G の表現 V の元 $v \in V$ は

$$\mu_V(v) = v \otimes \chi$$

をみたすとき,**重み χ の半不変元**という.　□

指標 χ を止めたとき,半不変元の全体は部分表現になる(演習問題 4.4).これを V_χ で表そう.　G_m のいくつかの直積に同型な代数群 T を**代数的トーラス**(algebraic torus)というが,この場合には指標の全体 $X(T)$ が関数環の基底になっている.　命題 4.6 より次を得る.

命題 4.14　代数的トーラス T の表現 V は半不変元の部分空間の直和である.　すなわち,T の表現として

$$V = \bigoplus_{\chi \in X(T)} V_\chi$$
□

§4.2 代数群と Lie 空間

代数群の表現に対して Casimir 作用素を定義しよう．

(a) 局所超関数

定義 4.15 k 上の (可換) 環 R から R 加群 M への k 線型写像
$$D\colon R \longrightarrow M$$
は全ての $x, y \in R$ に対して，Leibniz 規則 $D(xy) = xD(y) + yD(x)$ が成立するとき，M に値をもつ**微分** (derivation) という． □

R 自身に値をもつ微分 $D\colon R \longrightarrow R$ を単に R の微分と呼ぶ．

例 4.16 R は多項式環 $k[t_1, \cdots, t_n]$ とする．このとき，
$$\frac{\partial}{\partial t_i}\colon R \longrightarrow R, \quad f(t) \mapsto \frac{\partial f}{\partial t_i}(t)$$
は R の微分である．また，$a_1, \cdots, a_n \in k$ に対して，
$$f(t) \mapsto \frac{\partial f}{\partial t_i}(a_1, \cdots, a_n)$$
で定まる線型写像 $\alpha\colon R \longrightarrow k$ は R の $k = R/(t_1-a_1, \cdots, t_n-a_n)$ に値をもつ微分である． □

後者の例はアフィン代数多様体に一般化できる．p を $X = \operatorname{Spm} R$ の点，$\mathfrak{m}_p \subset R$ を p での極大イデアルとしよう．

例 4.17 $k = R/\mathfrak{m}_p$ に値をもつ微分とは線型写像
$$\alpha\colon R \longrightarrow k$$
でもって，全ての $f, g \in R$ に対して
$$\alpha(fg) = f(p)\alpha(g) + g(p)\alpha(f)$$
が成立するもののことである．これを X の点 p での微分ともいう． □

この α は $\mathfrak{m}_p^2$ に対して零である．これを一般化したものを定義しよう．

定義 4.18 $p \in X$, $\mathfrak{m}_p \subset R$ は上の通りとする. k 上の線型写像 $\alpha \colon R \longrightarrow k$ は, 充分大きな自然数 N に対して, $\alpha(\mathfrak{m}_p^N) = 0$ が成立するとき, p に台 (support) をもつ**局所超関数** (local distribution) という. □

$\alpha(\mathfrak{m}_p^{d+1}) = 0$ となる最小の整数 d を超関数 $\alpha \neq 0$ の次数という. 次数 0 のものは点 p での評価写像

$$ev_p \colon R \longrightarrow k, \quad f \mapsto f(p)$$

の定数倍である.

補題 4.19 局所超関数 $\alpha \colon R \longrightarrow k$ に対して, 次の 2 条件は同値である.
 (ⅰ) α は $k = R/\mathfrak{m}_p$ に値をもつ R の微分である.
 (ⅱ) α は次数 1 で, $\alpha(1) = 0$ である. □

[証明] (ⅰ)$\Longrightarrow$(ⅱ) $\alpha(1) = \alpha(1 \cdot 1) = \alpha(1) + \alpha(1)$ より, $\alpha(1) = 0$ を得る. また, $f, g \in \mathfrak{m}_p$ なら $\alpha(fg) = f(p)\alpha(g) + g(p)\alpha(f) = 0$ だから次数 1 である.
 (ⅱ)$\Longrightarrow$(ⅰ) $f, g \in R$ なら $f - f(p), g - g(p) \in \mathfrak{m}_p$ である. よって,

$$\alpha((f - f(p))(g - g(p))) = 0$$

を得る. これを展開して

$$\alpha(fg) = \alpha(g(p)f) + \alpha(f(p)g) - \alpha(f(p)g(p)) = \alpha(f)g(p) + \alpha(g)f(p)$$

を得る. ∎

補題より X の p での微分の全体 $\mathrm{Der}_k(R, R/\mathfrak{m}_p)$ は $\mathfrak{m}_p/\mathfrak{m}_p^2$ の双対空間と同型である.

定義 4.20 ベクトル空間 $(\mathfrak{m}_p/\mathfrak{m}_p^2)^\vee$ を代数多様体 X の点 p での **Zariski 接空間**と呼ぶ. □

 注意 (1) Zariski 接空間の次元は多様体の次元以上である (§8.3 参照). 両者が等しいとき, X は点 p で非特異という.
 (2) 標数零の体上の代数群はいたるところ非特異である.

次数 d 以下の超関数の全体は $R/\mathfrak{m}_p^{d+1}$ の双対ベクトル空間と同型である. $d = 1$ のときは, $k \oplus (\mathfrak{m}_p/\mathfrak{m}_p^2)^\vee$ と分解され, ev_p と微分で生成される. 一般に, $d \leq c$ のとき, 自然な全射

は単射
$$(R/\mathfrak{m}_p^{c+1}) \longrightarrow R/\mathfrak{m}_p^{d+1}$$

を導く．よって，ベクトル空間の増大列

$$k \subset (R/\mathfrak{m}_p^2)^\vee \subset (R/\mathfrak{m}_p^3)^\vee \subset \cdots \subset (R/\mathfrak{m}_p^{d+1})^\vee \subset \cdots$$

$$(R/\mathfrak{m}_p^{d+1})^\vee \hookrightarrow (R/\mathfrak{m}_p^{c+1})^\vee$$

が得られる．p に台をもつ（局所）超関数の全体はこの増大列の極限（和集合）と一致する．

(b) 超関数代数

G をアフィン代数群，R をその関数環，そして，単位元 e に台をもつ超関数 $\alpha : R \longrightarrow k$ の全体のベクトル空間を $\mathcal{H}(G)$ で表す．また単位元 e で G の Zariski 接空間を G の **Lie 空間**といい，$\operatorname{Lie} G (\subset \mathcal{H}(G))$ で表す．G の余積を $\mu : R \longrightarrow R \otimes_k R$ としよう．

定義 4.21 単位元に台をもつ二つの超関数 $\alpha, \beta \in \mathcal{H}(G)$ に対して，合成

$$R \xrightarrow{\mu} R \otimes_k R \xrightarrow{\alpha \otimes \beta} k \otimes_k k \simeq k$$

を $\alpha \star \beta$ で表し，α と β の**結合積**(convolution)と呼ぶ． □

補題 4.22 α と β が単位元に台をもつ超関数ならば，それらの結合積 $\alpha \star \beta$ も単位元に台をもつ超関数である．また，α, β がそれぞれ次数 a, b 以下なら $\alpha \star \beta$ は次数 $a+b$ 以下である．

[証明] 積 $G \times G \longrightarrow G$ でもって (e, e) は e に移る．よって，

$$\mu(\mathfrak{m}) \subset \mathfrak{m} \otimes R + R \otimes \mathfrak{m}$$

である．μ は環準同型だから，

$$\mu(\mathfrak{m}^{a+b+1}) \subset \sum_{i+j=a+b+1} \mathfrak{m}^i \otimes \mathfrak{m}^j$$

を得る．よって，$\alpha(\mathfrak{m}^{a+1})=0$ と $\beta(\mathfrak{m}^{b+1})=0$ より，$(\alpha \star \beta)(\mathfrak{m}^{a+b+1})=0$ を得る． ■

単位元での評価写像

$$\epsilon : k[G] \longrightarrow k, \quad f \mapsto f(e)$$

は結合積 $\star$ の単位元になる．また，μ の結合律(定義 3.41)より，$\star$ は結合的である．よって，$\mathcal{H}(G)$ は $\star$ でもって k 上の結合的代数になる．これを代数群 G の**超関数代数**(distribution algebra)と呼ぶ[*1]．一般には無限次元で非可換である．

例 4.23 単位元に台をもつ乗法群 $\boldsymbol{G}_m$ の超関数の全体
$$\varprojlim_{n\to\infty}(k[t]/((t-1)^n))^\vee$$
は代数としては
$$E = \left.\frac{d}{dt}\right|_{t=1} : k\left[t, \frac{1}{t}\right] \longrightarrow k$$
で生成される多項式環である． □

$E \star E$ の $f(t) \in k[t, t^{-1}]$ に対する値は定義より
$$\left.\frac{\partial^2 f(tt')}{\partial t \partial t'}\right|_{t=t'=1}$$
であるが，これは $f''(1) + f'(1)$ に等しい．

例 4.24 加法群 $\boldsymbol{G}_a$ の超関数代数 $\varprojlim_{n\to\infty}(k[t]/(t^n))^\vee$ は $\left.\dfrac{d}{dt}\right|_{t=0} : k[t] \longrightarrow k$ で生成される多項式環である． □

代数群の準同型射 $G \longrightarrow G'$ は超関数代数の間の環準同型 $\mathcal{H}(G) \longrightarrow \mathcal{H}(G')$ と Lie 空間の間の準同型写像 $\mathrm{Lie}\, G \longrightarrow \mathrm{Lie}\, G'$ を導く．関数環で方向が反対の $R' \longrightarrow R$ になるが，もう一度双対をとったので共変的である．(μ, V) を G の表現としよう．

定義 4.25 超関数 $\alpha \in \mathcal{H}(G)$ に対して，V の自分自身への k 線型写像
$$V \xrightarrow{\mu} R \otimes_k V \xrightarrow{\alpha \otimes 1} k \otimes_k V \simeq V$$
を $\tilde{\rho}(\alpha) \in \mathrm{End}_k V$ で表す． □

$\mu: R \longrightarrow R \otimes_k V$ の結合律より次を得る．

補題 4.26 写像 $\tilde{\rho} : \mathcal{H}(G) \longrightarrow \mathrm{End}_k V$ は環準同型である． □

言い替えると V は(非可換)環 $\mathcal{H}(G)$ 上の加群である．元 $v \in V$ が G 不変なら全ての $\alpha \in \mathcal{H}(G)$ に対して

[*1] 標数零の体上では Lie 環(演習問題 4.3)の普遍展開環と一致する(Cartier の定理)．

$$\widetilde{\rho}(\alpha)v = \alpha(1)v$$

が成立する．とくに $\alpha \in \operatorname{Lie} G$ なら $\widetilde{\rho}(\alpha)v = 0$ である．

例 4.27 V は $\boldsymbol{G}_m$ の表現で，$v \in V$ の斉重分解を $\sum_m v_m$ とする．

$$\mu(v) = \sum_m t^m \otimes v_m$$

だから生成元

$$E = \left.\frac{d}{dt}\right|_{t=1} \in \mathcal{H}(\boldsymbol{G}_m)$$

は v を $\sum_m m v_m$ に写す．ゆえに E は Euler 作用素である（例 4.9）． □

G は共役

$$G \longrightarrow G, \quad x \mapsto gxg^{-1}$$

でもって自分自身に群自己同型として作用している．よって，共役でもって関数環 $k[G]$ に作用する．共役は単位元 e を固定するから，そこでの極大イデアル

$$\mathfrak{m}_e = \operatorname{Ker}[\epsilon : k[G] \longrightarrow k]$$

を自分自身に写す．特に剰余環

$$k[G]/\mathfrak{m}_e^n$$

やその双対に作用する．よって $\mathcal{H}(G)$ は G の表現である．また Lie 空間 $\operatorname{Lie} G$ は部分表現である．これを

$$\operatorname{Ad} : G \longrightarrow GL(\operatorname{Lie} G)$$

で表す．

定義 4.28 代数群 G に対して G 表現としての Lie 空間 $\operatorname{Lie} G$ を G の**随伴表現**（adjoint representation）という． □

X は n^2 個の不定元 x_{ij}，$1 \leqq i, j \leqq n$，を (i, j) 成分とする正方行列とする．X の関数を $f(X)$ で表すとき，$\operatorname{Lie} GL(n)$ は

$$D_{ij} = \left.\frac{\partial}{\partial x_{ij}}\right|_{X=I_n} : k\left[x_{11}, x_{12}, \cdots, x_{nn}, \frac{1}{\det X}\right] \longrightarrow k$$

を基底とするベクトル空間である．これより次を得る．

補題 4.29 G が一般線型代数群 $GL(n)$ のとき，その Lie 空間は n 次正方

行列の全体 $M_n(k)$ への共役作用と同型である． □

（c） Casimir 作用素

Lie 空間上の内積，すなわち，非退化対称双線型形式
$$\kappa: \operatorname{Lie} G \times \operatorname{Lie} G \longrightarrow k$$
を考えよう．

定義 4.30 内積 κ は（随伴表現 Ad に関して）G 不変かつ非退化とする．そして，$X_1, X_2, \cdots, X_N$ を $\operatorname{Lie} G$ の基底とする．内積 κ に関する双対基底を $X_1', \cdots X_N'$ として，
$$X_1 \star X_1' + X_2 \star X_2' + \cdots + X_N \star X_N' \in \mathcal{H}(G)_0$$
でもって定義される G 上の超関数を不変内積 κ に関する **Casimir 元**といい $\Omega = \Omega_\kappa$ で表す． □

命題 4.31 Casimir 元 Ω は基底 $\{X_1, X_2, \cdots, X_N\}$ のとり方によらない．

［証明］ 別の基底 $\{Y_1, \cdots, Y_N\}$ と双対基底 $\{Y_1', \cdots, Y_N'\}$ は行列 $A = (a_{ij})$ と $A' = (a_{ij}')$，$A^t A' = I_N$，でもって
$$Y_i = \sum_{j=1}^N a_{ij} X_j, \quad Y_i' = \sum_{j=1}^N a_{ij}' X_j', \quad i = 1, 2, \cdots, N$$
で与えられる．よって，計算
$$\sum_{i=1}^N Y_i \star Y_i' = \sum_{i=1}^N \left(\sum_{j=1}^N a_{ij} X_j\right) \star \left(\sum_{j=1}^N a_{ij}' X_j'\right)$$
$$= \sum_{\ell,j} \left(\sum_{i=1}^N a_{i\ell} a_{ij}\right) X_\ell \star X_j' = \sum_{\ell,j} \delta_{\ell j} X_\ell \star X_j' = \Omega$$
より命題を得る． ■

内積は G 不変なので各 $g \in G$ に対して
$$\{\operatorname{Ad}(g)X_1, \cdots, \operatorname{Ad}(g)X_N\} \text{ と } \{\operatorname{Ad}(g)X_1', \cdots, \operatorname{Ad}(g)X_N'\}$$
は双対基底である．よって次を得る．

系 4.32 Casimir 元 Ω は G の $\mathcal{H}(G)$ への作用によって不変である．（$\mathcal{H}(G)$ の中心に属する．） □

V を G の表現とする．V は $\mathcal{H}(G)$ 上の加群である．特に Casimir 元 Ω は

V から自分自身への線型写像 $\widetilde{\rho}(\Omega): V \longrightarrow V$ を定める．これを **Casimir** 作用素と呼ぶ．上の系より次が成立する．

系 4.33 Casimir 作用素 $\widetilde{\rho}(\Omega)$ は G 表現の準同型写像である． □

§4.3 Hilbert の定理

(a) 線型簡約性

定義 4.34 G 表現の全ての全射準同型写像 $\phi: V \longrightarrow W$ に対してそれの導く不変部分の間の写像 $\phi^G: V^G \longrightarrow W^G$ が全射であるとき，代数群 G は**線型簡約**(linearly reductive)であるという． □

いくつかの言い替えができる．

命題 4.35 代数群 G に対する次の条件は互いに同値である．

(i) G は線型簡約である．

(ii) 有限次元 G 表現の全ての全射準同型写像 $V \longrightarrow W$ に対して $V^G \longrightarrow W^G$ は全射である．

(iii) 有限次元 G 表現 V の元 v が部分表現 U を法として G 不変なら剰余類 $v+U$ には G 不変元が存在する． □

［証明］ (i) $\Longrightarrow$ (ii) は自明である．$V \longrightarrow V/U$ に (ii) を適用すれば (iii) が得られる．(iii) $\Longrightarrow$ (i) を示そう．$\phi(v) = w$ が G 不変とする．G の局所有限性 (命題 4.5) より，v を含む V の有限次元部分表現が存在する．それを V_0 としよう．$v \in V_0$ は部分表現 $U_0 = \mathrm{Ker}\,\phi \cap V_0$ を法として G 不変である．よって，(iii) より $v'-v \in U_0$ なる $v' \in V_0$ が存在する．$\phi(v') = w$ なので ϕ^G は全射である． ■

線型簡約な代数群の直積は線型簡約である．さらに，代数群 G が正規部分代数群 H を含み H も G/H も線型簡約なら G も線型簡約である．

命題 4.36 有限群は線型簡約である．

［証明］ $v \in V$ が U を法として G 不変なとき，それの G 平均を

$$v' = \frac{1}{|G|} \sum_{g \in G} g \cdot v$$

§4.3 Hilbertの定理—113

とおく．明らかに v' は G 不変で，さらに

$$v' - v = \frac{1}{|G|} \sum_{g \in G} (g \cdot v - v)$$

は U に属する．よって，上の同値条件の(iii)が示せた． ∎

系 4.37 連結成分が線型簡約な代数群は線型簡約である． □

命題 4.38 代数的トーラス T は線型簡約である．

［証明］ $T = \boldsymbol{G}_m$ の場合を示せばよい．やはり，同値条件の(iii)を示そう．命題 4.6 より，表現 V とその部分表現 U は斉重成分の直和

$$V = \bigoplus_{m \in \mathbb{Z}} V_{(m)}, \quad U = \bigoplus_{m \in \mathbb{Z}} U_{(m)}$$

に分解し，$U_{(m)} \subset V_{(m)}$ である．$v = \sum_{m \in \mathbb{Z}} v_m$ が U を法として T 不変ということは，全ての $m \neq 0$ に対して斉重成分 v_m が U に属することである．よって，$v' = v_0$ が求める T 不変元である． ∎

次を証明しよう．

定理 4.39 特殊線型代数群 $SL(n)$（例 3.46）は線型簡約である． □

一般線型代数群 $GL(n)$ は中心が $\boldsymbol{G}_m$ と同型で，これと部分代数群 $SL(n)$ で生成されている．よって次を得る．

系 4.40 $GL(n)$ は線型簡約である． □

ここでは Casimir 元を使って示す．$n = 2$ の場合は，より直接的な別証明を §4.5 で与える．

U は有限次元ベクトル空間とする．一般線型代数群 $GL(U)$ の Lie 空間への随伴表現は $\mathrm{End}\, U$ への共役作用と標準的に同型である．線型写像の対に対してそれらの合成のトレースを対応させる

(4.1) $\quad \mathrm{End}\, U \times \mathrm{End}\, U \longrightarrow k, \quad (f, g) \mapsto \mathrm{Trace}\, fg$

は非退化な内積（対称双線型形式）である．これを κ で表そう．$\kappa(f, f)$ を $\kappa(f)$ で略記する．次は明らかである．

補題 4.41 κ は $GL(U)$ の随伴作用で不変である．すなわち，全ての $f \in \mathrm{End}\, U$ と $\alpha \in GL(U)$ に対して，

$$\kappa(\alpha f \alpha^{-1}) = \kappa(f)$$

が成立する.

特殊線型代数群 $SL(U)$ は $GL(U)$ の部分代数群でその Lie 空間 $\mathfrak{sl}(U)$ はトレースが零のもののなす $\mathrm{End}\,U$ の部分空間である. 不変内積 κ の $\mathfrak{sl}(U)$ への制限を同じ文字で表す.

補題 4.42 κ は $SL(U)$ の随伴作用で不変な非退化内積である.

[証明] $\mathrm{End}\,U$ 上の内積 κ は非退化で,$\mathfrak{sl}(U)$ はそれに関して,恒等写像 I_U の直交補空間になっている. $\kappa(I_U) = n \neq 0$ だから,κ の $\mathfrak{sl}(U)$ への制限は非退化である. □

補題の不変内積を用いて $SL(n)$ の Casimir 元を計算しよう.

例 4.43 e_{ij} は (i,j) 成分のみ 1 で他は 0 の n 次正方行列とし,
$$h_{ij} = e_{ii} - e_{jj}, \quad w_i = e_{11} + \cdots + e_{ii} - \frac{i}{n}(e_{11} + \cdots + e_{nn}) \in \mathfrak{sl}(n)$$
とおく. このとき,
$$e_{ij}(1 \leq i \neq j \leq n),\ h_{12}, h_{23}, \cdots, h_{n-1,n}$$
は Lie 空間 $\mathfrak{sl}(n)$ の基底である. その双対基底は
$$e_{ji}(1 \leq i \neq j \leq n),\ w_1, \cdots, w_{n-1}$$
であるから,定義に従って計算し
$$\Omega = \sum_{1 \leq i \neq j \leq n} e_{ij} \star e_{ji} + \sum_{i=1}^{n-1} h_{i,i+1} \star w_i$$
$$= \sum_{1 \leq i \neq j \leq n} e_{ij} \star e_{ji} + \frac{1}{n} \sum_{1 \leq i < j \leq n} h_{ij} \star h_{ij}$$
をえる. 例えば,$n = 2$ のとき,
$$\Omega = e_{12} \star e_{21} + e_{21} \star e_{12} + \frac{1}{2} h_{12} \star h_{12}$$
である(§4.4(a)も見よ). □

Casimir 作用素 $\widetilde{\rho}(\Omega)$ でもって表現が自明であることを特徴付けよう.

命題 4.44 $SL(n)$ の表現 (V, ρ) に対して次の 4 条件は同値である.
(i) ρ は自明である.
(ii) $\widetilde{\rho}(\Omega) = 0$.

(iii) $\widetilde{\rho}(\Omega)$ はべき零である.
(iv) Trace $\widetilde{\rho}(\Omega) = 0$. □

[証明] (i) $\Longrightarrow$ (ii) $\Longrightarrow$ (iii) $\Longrightarrow$ (iv) は明らかである. (iv) $\Longrightarrow$ (i) を示せばよい.

まず $n=2$ の場合を考える. 部分トーラス

$$T = \left\{ \begin{pmatrix} t & 0 \\ 0 & t^{-1} \end{pmatrix} \right\} \subset SL(2)$$

による V の斉重分解 $V = \bigoplus_{m \in \mathbb{Z}} V_{(m)}$ (命題 4.6) でもって Casimir 作用素のトレースを計算する. 例 4.43 より, Casimir 作用素は

$$\Omega = \frac{1}{2}(e_{12}+e_{21})^2 + \frac{1}{2}(\sqrt{-1}e_{12} - \sqrt{-1}e_{21})^2 + \frac{1}{2}h_{12} \star h_{12}$$

と表されるが, ここに現れる 3 個の行列

$$e_{12}+e_{21} = \begin{pmatrix} 0 & 1 \\ 1 & 0 \end{pmatrix}, \sqrt{-1}e_{12} - \sqrt{-1}e_{21} = \begin{pmatrix} 0 & \sqrt{-1} \\ -\sqrt{-1} & 0 \end{pmatrix}, h_{12} = \begin{pmatrix} 1 & 0 \\ 0 & -1 \end{pmatrix}$$

は $\mathfrak{sl}(2)$ の中で共役であることに注意しよう. h_{12} は T と対応する. これより

$$\text{Trace}\,\widetilde{\rho}(\Omega) = \frac{3}{2}\text{Trace}\,\widetilde{\rho}(h_{12})^2 = \frac{3}{2}\sum_{m \in \mathbb{Z}} m^2 \dim V_{(m)}$$

が成立する. よって, (iv) が成立すれば, T は V に自明に作用する. 対角化可能な元の全体は $SL(2)$ の中で稠密だから, $SL(2)$ の表現としても自明である.

n が一般のときも同様である. $SL(n)$ の対角行列全体のなすトーラスを T, (i,i) と (j,j) 成分以外は全て 0 とおいて定まる T の 1 次元部分トーラスを $T_{ij}(i \neq j)$ とし, V の T_{ij} による斉重分解を考える. 例 4.43 より,

$$\text{Trace}\,\widetilde{\rho}(\Omega) = \frac{n+1}{n} \sum_{1 \leq i < j \leq n} \text{Trace}\,\widetilde{\rho}(h_{ij})^2$$

が成立し, $\text{Trace}\,\widetilde{\rho}(h_{ij})^2 \geq 0$ であるから, (iv) が成立すれば, 全ての 1 次元トーラス T_{ij} が V に自明に作用する. よって, T 全体が自明に, そして $SL(n)$

が自明に作用する.

系 4.33 より,各 $m \geq 1$ に対して,核 $\ker \tilde{\rho}(\Omega)^m$ は V の部分表現である.ここにおいて Casimir 作用素はべき零であるから次をえる.

系 4.45 $V^{SL(n)} = \ker \tilde{\rho}(\Omega) = \bigcup_{m \geq 1} \ker \tilde{\rho}(\Omega)^m$.

[定理 4.39 の証明] $SL(n)$ の有限次元表現 V に対して,有限群の場合の命題 4.36 の証明で使った平均作用素 E の類似を作る.そのために,Casimir 作用素 $\tilde{\rho}(\Omega)$ の非零固有値を(重複度をこめて)$\lambda_1, \cdots, \lambda_N$ とし,

$$R = \prod_{i=1}^{N} (\mathrm{id}_V - \frac{1}{\lambda_i}\tilde{\rho}(\Omega)) \in \mathrm{End}\, V$$

とおく.これは $SL(n)$ 表現としての準同型写像で,しかも Cayley–Hamilton の定理より

$$\tilde{\rho}(\Omega)^m R = 0, \quad \exists m \geq 1$$

が成立する.よって,上の命題より R の像は $V^{SL(n)}$ に含まれる.

さて,U は V の部分表現で $v \in V$ は U を法として G 不変とする.このとき,$\rho(\mathfrak{sl}(n))v \subset U$ だから $\tilde{\rho}(\Omega)v \in U$ である.よって $Rv - v \in U$ である.よって $v' = Rv$ とおくことにより命題 4.35 の条件(iii)が示された. ∎

(b) 有限生成性

代数群 G が次数付けを保って多項式環 S に作用しているとする.次は実質的には[H90]の論法である*[2].

定理 4.46 (Hilbert) G が線型簡約なら G 不変(多項)式の全体のなす部分環 S^G は有限生成である.

[証明] 不変式環 S^G は

$$S^G = \bigoplus_{e \geq 0} S^G \cap S_e$$

と次数付けられている.これの正次数の部分を S_+^G とし,それらで生成さ

---

*[2] Hilbert は不変部分への同変射影 $V \longrightarrow V^G$ (後に Reynolds 作用素と呼ばれるもの)として Cayley のオメガ・プロセスを使った.

れる S のイデアルを J とする．定理 2.2 より，J は有限個の斉次多項式 $f_1, \cdots, f_N \in S_+^G$ で生成される．すなわち，S 加群の準同型写像

$$\phi: S \oplus \cdots \oplus S \longrightarrow J, \quad (h_1, \cdots, h_N) \mapsto \sum_{i=1}^{N} h_i f_i$$

は全射である．

主張 不変式環 S^G は $f_1, \cdots, f_N$ で生成される．

勝手な不変斉次式 $h \in S^G$ が部分環 $k[f_1, \cdots, f_N]$ に属することを h の次数に関する帰納法で示そう．次数が 0 なら，h は定数だから明らかに成立している．次数が正のとき，h は斉次イデアル J に属する．上の R 準同型写像 ϕ は G の表現としての準同型でもあることに注意しよう．線型簡約性より $S^G \oplus \cdots \oplus S^G \longrightarrow J^G$ も全射である．よって

$$h = \sum_{i=1}^{N} h_i' f_i$$

をみたす $h_i' \in S^G$ が存在する．f_i は全て次数正だから，$\deg h_i' < \deg h$ である．よって，帰納法の仮定より，各 h_i' は $k[f_1, \cdots, f_n]$ に属する．よって，h 自身も $k[f_1, \cdots, f_n]$ に属する． ∎

注意 この証明の最後の部分は命題 2.40 に外ならない．

一般の場合は上に帰着する．

補題 4.47 有限生成な環 R に代数群 G が作用しているとする．このとき，R の生成元 $r_1, \cdots, r_N$ でもって，それらで生成される部分ベクトル空間 $\langle r_1, \cdots, r_N \rangle \subset R$ が G 不変なものが存在する．

[証明] R の勝手な生成元を $s_1, \cdots, s_M$ とする．このとき，G 作用の局所有限性より，各 s_i を含む有限次元部分表現 V_i が存在する．よって，それらで生成される部分空間の基底を $r_1, \cdots, r_N$ とすればよい． ∎

幾何的にいうと，代数群 G のアフィン多様体への作用は G が線型に作用するアフィン空間 $\mathbb{A}^N$ に同変的かつ閉に埋め込める．

定理 4.48 線型簡約な代数群 G が体 k 上有限生成環 R に作用しているとき，その不変式環 R^G も有限生成である．

[証明] 上の補題のように生成元 $r_1,\cdots,r_N$ をとり，$x_i \mapsto r_i$ でもって多項式環からの全射準同型写像

$$S = k[x_1,\cdots,x_N] \longrightarrow R$$

を定める．上の定理より S^G は有限生成である．また，線型簡約性より $S^G \longrightarrow R^G$ は全射である．よって，R^G も有限生成である． ∎

§4.4 Cayley–Sylvester の個数公式

不変式環をより具体的に理解するには Poincaré 級数が不可欠である．2 変数古典不変式環の場合にこれの決定の仕方を述べよう．

(a) $SL(2)$

不定元 a,b,c,d を成分とする 2 次正方行列を

$$X = \begin{pmatrix} a & b \\ c & d \end{pmatrix}$$

とする．$SL(2)$ の Lie 空間 $\mathfrak{sl}(2)$ は三つの微分

$$e = \left.\frac{\partial f(X)}{\partial b}\right|_{X=I_2}, \quad h = \left.\left(\frac{\partial f(X)}{\partial a} - \frac{\partial f(X)}{\partial d}\right)\right|_{X=I_2}, \quad f = \left.\frac{\partial f(X)}{\partial c}\right|_{X=I_2}$$

を基底とする．これらは三つの部分代数群

$$N^+ = \left\{\begin{pmatrix} 1 & s \\ 0 & 1 \end{pmatrix}\right\}, \quad T = \left\{\begin{pmatrix} t & 0 \\ 0 & t^{-1} \end{pmatrix}\right\}, \quad N^- = \left\{\begin{pmatrix} 1 & 0 \\ s & 1 \end{pmatrix}\right\}$$

に対応している．これらは G_a, G_m, G_a と同型である．また

$$e = \begin{pmatrix} 0 & 1 \\ 0 & 0 \end{pmatrix}, \quad f = \begin{pmatrix} 0 & 0 \\ 1 & 0 \end{pmatrix}, \quad h = \begin{pmatrix} 1 & 0 \\ 0 & -1 \end{pmatrix}$$

とも表される．随伴表現でもって

$$\begin{pmatrix} q & 0 \\ 0 & q^{-1} \end{pmatrix} \begin{pmatrix} 0 & 1 \\ 0 & 0 \end{pmatrix} \begin{pmatrix} q & 0 \\ 0 & q^{-1} \end{pmatrix}^{-1} = q^2 \begin{pmatrix} 0 & 1 \\ 0 & 0 \end{pmatrix}$$

が成立する．ゆえに

(4.2) $\quad \mathrm{Ad}\left(\begin{pmatrix} q & 0 \\ 0 & q^{-1} \end{pmatrix}\right) e = q^2 e, \quad \mathrm{Ad}\left(\begin{pmatrix} q & 0 \\ 0 & q^{-1} \end{pmatrix}\right) f = q^{-2} f$

である．

例 4.43 で見たように

(4.3) $\quad\quad\quad\quad \Omega = e \star f + f \star e + \dfrac{h \star h}{2}$

が Casimir 元である．以下，煩わしいので $\tilde{\rho}: \mathcal{H}(G) \longrightarrow \mathrm{End}\, V$ は ρ と略記する．

$SL(2)$ の最も基本的な表現に対して，Lie 空間 $\mathfrak{sl}(2)$ と Casimir の作用を求めよう．

例 4.49 $SL(2)$ は 2 変数多項式環 $k[x,y]$ に次のように（右から）作用する．

$$f(x,y) \bigg| \begin{pmatrix} \alpha & \beta \\ \gamma & \delta \end{pmatrix} = f(\alpha x + \beta y, \gamma x + \delta y), \quad f(x,y) \in k[x,y].$$

これを部分群 N^+ に制限して，単位元での微係数を見よう．

$$f(x,y) \bigg| \begin{pmatrix} 1 & s \\ 0 & 1 \end{pmatrix} = f(x+sy, y)$$

だから，

$$\dfrac{d}{ds} f(x+sy, y) \bigg|_{s=0} = y \dfrac{\partial}{\partial x} f(x,y)$$

を得る．N^- も同様で，

$$\dfrac{d}{ds} f(x,y) \bigg| \begin{pmatrix} 1 & 0 \\ s & 1 \end{pmatrix} \bigg|_{s=0} = x \dfrac{\partial}{\partial y} f(x,y)$$

を得る．部分群 T に関しては，$t=1$ での微係数をとることに注意しよう．T

への作用の制限は

$$f(x,y)\Big|\begin{pmatrix} t & 0 \\ 0 & t^{-1} \end{pmatrix} = f(tx, t^{-1}y)$$

だから，

$$\frac{d}{dt} f(tx, t^{-1}y)\Big|_{t=1} = x\frac{\partial}{\partial x} f(x,y) - y\frac{\partial}{\partial y} f(x,y)$$

を得る．よって

$$\rho(e) = y\frac{\partial}{\partial x}, \quad \rho(f) = x\frac{\partial}{\partial y}, \quad \rho(h) = x\frac{\partial}{\partial x} - y\frac{\partial}{\partial y}$$

である． □

(4.3)より，この表現の Casimir 作用素は

$$\rho(\Omega) = \rho(e)\rho(f) + \rho(f)\rho(e) + \frac{1}{2}\rho(h)^2 = E + \frac{E^2}{2}, \quad E = x\frac{\partial}{\partial x} + y\frac{\partial}{\partial y}$$

である．この表現では各 d に対して d 次斉次式の全体 V_d は有限次元部分表現になっている．Casimir 元はここに $\left(d + \dfrac{d^2}{2}\right)$ 倍で作用している．この表現 V_d に対しては次の非斉次表示も便利である．

例 4.50 d 次以下の多項式は $k[x]$ の $(d+1)$ 次元部分空間であるが，これは次の(右からの)作用で代数群 $SL(2)$ の表現である．

$$f(x,y)\Big|\begin{pmatrix} \alpha & \beta \\ \gamma & \delta \end{pmatrix} = (\gamma x + \delta y)^d f\left(\frac{\alpha x + \beta y}{\gamma x + \delta y}\right)$$

□

(b) $SL(2)$ の次元公式

V は $SL(2)$ の有限次元表現で，それの T による分解を

(4.4) $$V = \bigoplus_{m \in \mathbb{Z}} V_{(m)}$$

とする．(4.2)より次を得る．

§4.4　Cayley–Sylvester の個数公式───121

命題 4.51（重みシフト）　$v \in V_{(m)}$ なら $\rho(e)v \in V_{(m+2)}$, $\rho(f)v \in V_{(m-2)}$ である. □

Casimir 作用素を効果的に使うには e, f の交換関係が必要である.

補題 4.52　超関数代数 $\mathcal{H}(SL(2))$ において次が成立する.
$$e \star f - f \star e = h.$$

［証明］　独立な不定元 a, b, c, d と a', b', c', d' を成分とする 2 次正方行列を
$$X = \begin{pmatrix} a & b \\ c & d \end{pmatrix}, \quad X' = \begin{pmatrix} a' & b' \\ c' & d' \end{pmatrix}$$
とする. a, b, c, d に関する多項式を $F(X)$ と表す. このとき, 結合積の定義より $e \star f$ の $F(X)$ に対する値は
$$\left. \frac{\partial^2 F(XX')}{\partial b \partial c'} \right|_{X = X' = I_2}$$
であるが, これは
$$\left. \frac{\partial^2 F(X)}{\partial b \partial c} \right|_{X = I_2} + \left. \frac{\partial F(X)}{\partial a} \right|_{X = I_2}$$
に等しい. 同様に $f \star e$ の $F(X)$ に対する値は
$$\left. \frac{\partial^2 F(X)}{\partial b \partial c} \right|_{X = I_2} + \left. \frac{\partial F(X)}{\partial d} \right|_{X = I_2}$$
に等しい. よって上の交換関係を得る. ■

系 4.53　$SL(2)$ の Casimir 元は
$$\Omega = 2f \star e + h + \frac{h \star h}{2} = 2e \star f - h + \frac{h \star h}{2}$$
に等しい. □

系 4.54　$\rho(e)v = 0$ をみたす重み 0 の斉重ベクトル v は $SL(n)$ 不変である. □

実際, 仮定より $\rho(\Omega)v = 0$ である. よって, 系 4.45 より v は $SL(n)$ 不変である. 特に
$$V^{SL(2)} = \mathrm{Ker}\, [e \colon V_{(0)} \longrightarrow V_{(2)}]$$
が成立する.

補題 4.55 ウェイト (-2) の斉重部分からウェイト 2 の斉重部分への e の 2 乗写像

$$\rho(e)^2 = [V_{(-2)} \xrightarrow{e} V_{(0)} \xrightarrow{e} V_{(2)}]$$

は同型である.

[証明] まず $\rho(e)^2$ が単射であることを示そう. $\rho(e)^2(v)=0$ とすると, 系 4.54 より $\rho(e)v$ は G 不変である. 特に $\rho(f)\rho(e)v=0$ である. よって

$$\rho(\Omega)v = \rho\Big(2f \star e + h + \frac{h \star h}{2}\Big)v = 0$$

である. 再び系 4.45 より v は $SL(2)$ 不変であるが, 重みが (-2) なので $v=0$ である. 同様に $\rho(f)^2\colon V_{(2)} \longrightarrow V_{(-2)}$ も単射だから, $\dim V_{(-2)} = \dim V_{(2)}$ である. よって, $\rho(e)^2$ は同型でもある. ∎

特に $\rho(e)\colon V_{(0)} \longrightarrow V_{(2)}$ は全射である. よって次が得られた.

定理 4.56（次元公式）

$$\dim V^{SL(2)} = \dim V_{(0)} - \dim V_{(2)}. \qquad \square$$

直和分解(4.4)の母関数

$$\mathrm{ch}_V(q) = \sum_{m \in \mathbb{Z}} (\dim V_{(m)}) q^m \in \mathbb{Z}[q, q^{-1}]$$

を(T に関する) V の**指標**(character)という[*3]. 例えば, 例 4.49 の 2 変数 d 次斉次式の全体 V_d の場合, その指標は

$$\mathrm{ch}_d(q) = q^d + q^{d-2} + \cdots + q^{2-d} + q^{-d} = \frac{q^{d+1} - q^{-d-1}}{q - q^{-1}}$$

である.

系 4.57

$$\dim V^{SL(2)} = -\mathrm{Res}_{q=0}(q - q^{-1})\mathrm{ch}_V(q). \qquad \square$$

[*3] より正確には形式指標と呼ばれる.

---(参考) Weyl 測度---

系 4.57 に Cauchy の積分公式を適用して，

$$\dim V^{SL(2)} = -\frac{1}{2\pi i}\int (z-z^{-1})\mathrm{ch}_V(z)dz$$

を得る．ただし，積分は原点の周りを正の向きに回る．$z=e^{i\theta}$ と変数変換して，

$$\dim V^{SL(2)} = \frac{1}{\pi}\int_0^\pi (1-\cos 2\theta)\mathrm{ch}_V(e^{i\theta})d\theta$$

を得る．(Weyl 対称性 $\mathrm{ch}(q)=\mathrm{ch}(q^{-1})$ を使った．これは元 $\begin{pmatrix} 0 & 1 \\ -1 & 0 \end{pmatrix}$ による共役をとることにより明らかである．) 元

$$A(\theta) = \begin{pmatrix} e^{i\theta} & 0 \\ 0 & e^{-i\theta} \end{pmatrix}, \quad 0 \leqq \theta \leqq \pi$$

達は特殊ユニタリ群($SL(2,\mathbb{C})$ の極大コンパクト部分群)$SU(2)$ の共役類の代表系であることに注意しよう．有限群 G の共役類を $\mathfrak{c}_1, \mathfrak{c}_2, \cdots, \mathfrak{c}_\kappa$ とし，

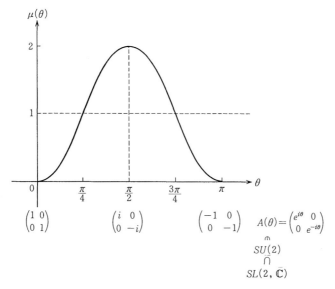

Weyl 測度 $\mu(\theta) = 1-\cos 2\theta = 2\sin^2\theta$

その代表元を $g_1, g_2, \cdots, g_\kappa \in G$ と選ぶとき,有限群の次元公式(命題 1.8)は

$$\dim V^G = \frac{1}{|G|} \sum_{i=1}^{\kappa} |\mathfrak{c}_i| \chi(g_i)$$

と表される.有限群とコンパクト Lie 群 $SU(2)$ では平均が積分と対応し,共役類の元の個数が Weyl 測度と対応している.

$$\frac{1}{|G|} \sum_{g \in G} \iff \frac{1}{\pi} \int_0^\pi d\theta, \quad |\mathfrak{c}_i| \iff 1 - \cos 2\theta$$

(c) Cayley–Sylvester の公式

次元公式を応用して古典不変式環の Poincaré 級数を計算しよう.V は $SL(2)$ の n 次元表現とし,それにより導かれる V 上の多項式関数の全体 $S = k[x_1, \cdots, x_n]$ への作用を考えよう.部分トーラス $T = \left\{ \begin{pmatrix} q & 0 \\ 0 & q^{-1} \end{pmatrix} \right\}$ による V の斉重分解のウェイトを(重複も数えて)$a_1, \cdots, a_n$ とするとき,

$$P_q(t) := \frac{1}{(1-q^{a_1}t)(1-q^{a_2}t)\cdots(1-q^{a_n}t)}$$

を q-Poincaré 級数と呼ぼう.Molien の公式(定理 1.7)は $SL(2)$ に対して次のように一般化される.

命題 4.58 不変式環 $S^{SL(2)}$ の Poincaré 級数 $P(t)$ は $P_q(t)$ の q に関する定数項から q^2 の係数を引いたものに等しい.すなわち,次が成立する.

$$P(t) = -\mathrm{Res}_{q=0}(q - q^{-1}) P_q(t).$$

[証明] 有限群の場合と同様である.$T = G_m$ の作用が対角化されるように変数 $x_1, \cdots, x_n$ をとり替える.

$$R(x_1, \cdots, x_n) = \frac{1}{(1-x_1)(1-x_2)\cdots(1-x_n)}$$

のベキ級数展開には全ての単項式が一回ずつ現われる.これに,

$$\begin{pmatrix} q & 0 \\ 0 & q^{-1} \end{pmatrix} \in T$$

を作用させた
$$R(q^{a_1}x_1, q^{a_2}x_2, \cdots, q^{a_n}x_n) = \frac{1}{(1-q^{a_1}x_1)(1-q^{a_2}x_2)\cdots(1-q^{a_n}x_n)}$$
の次数 e の単項式の係数全ての和が $SL(2)$ 表現 S_e の指標である.よって
$$\sum_{e=0}^{\infty} \mathrm{ch}_{S_e}(q) t^e = R(q^{a_0}t, q^{a_1}t, \cdots, q^{a_n}t) = P_q(t)$$
である.次元公式より
$$\dim S^{SL(2)} \cap S_e = -\mathrm{Res}_{q=0}(q-q^{-1})\mathrm{ch}_{S_e}(q)$$
である.よって
$$P(t) = -\mathrm{Res}_{q=0} \sum_{e=0}^{\infty}(q-q^{-1})\mathrm{ch}_{S_e}(q)t^e = -\mathrm{Res}_{q=0}(q-q^{-1})P_q(t)$$
を得る. ∎

特に,表現が例 4.49 の V_d のときを計算しよう.$(d+1)$ 個の単項式 x^d, $x^{d-1}y, \cdots, y^d$ が斉重ベクトルで基底になっている.よって,$SL(2)$ の元 $\begin{pmatrix} q & 0 \\ 0 & q^{-1} \end{pmatrix}$ はこれらを
$$q^d x^d, \quad q^{d-2}x^{d-1}y, \quad \cdots, \quad q^{-d}y^d$$
に変換する.よって q-Poincaré 級数は
$$P_q(t) = \prod_{i=0}^{d} \frac{1}{1-q^{d-2i}t}$$
である.

定義 4.59 整数,階乗,2 項係数の q 類似をそれぞれ

(i)
$$[d]_q = q^{d-1} + q^{d-3} + \cdots + q^{-d+3} + q^{-d+1} = \frac{q^d - q^{-d}}{q - q^{-1}}$$

(ii)
$$[d]_q! = \prod_{i=1}^{d} [i]_q$$

(iii)
$$\begin{bmatrix} d+e \\ e \end{bmatrix}_q = \frac{[d+e]_q!}{[d]_q! [e]_q!}$$

で定める. □

次の命題は2項定理
$$\frac{1}{(1-t)^{d+1}} = \sum_{e \geqq 0} \begin{pmatrix} d+e \\ e \end{pmatrix} t^e$$

の q 類似である.（$q \to 1$ の極限をとってみよ.）

命題 4.60
$$\prod_{i=0}^{d} \frac{1}{1-q^{d-2i}t} = \sum_{e \geqq 0} \begin{bmatrix} d+e \\ e \end{bmatrix}_q t^e.$$

[証明]
$$\phi(q,t) = \prod_{i=0}^{d} \frac{1}{1-q^{d-2i}t}$$

の t に関するベキ級数展開を
$$\phi(q,t) = \sum_{e=0}^{\infty} a_e(q) t^e, \quad a_0(q) \equiv 1$$

とおく. $\phi(q,t)$ は関数等式
$$\phi(q, q^2 t) = \frac{1-q^{-d}t}{1-q^{d+2}t} \phi(q,t)$$

をみたす. よって, 項を見比べて
$$a_e(q) q^{2e} - a_{e-1}(q) q^{2e+d} = a_e(q) - a_{e-1}(q) q^{-d}$$

を整理して, 漸化式
$$a_e(q) = \frac{q^{e+d} - q^{-e-d}}{q^e - q^{-e}} a_{e-1}(q)$$

を得る. ∎

$x^d, x^{d-1}y, \cdots, y^d$ の双対基底を $\xi_0, \xi_1, \cdots, \xi_d$ とするとき, 上の二つの命題より次を得る.

定理 4.61 2変数古典不変式環 $k[\xi_0, \cdots, \xi_d]^{SL(2)}$ の Poincaré 級数 $P^{(d)}(t)$ は

に等しい.
$$-\mathrm{Res}_{q=0}(q-q^{-1})\sum_{e\geqq 0}\begin{bmatrix}e+d\\e\end{bmatrix}_q t^e$$

実際の計算には $U = q^2$ と置き換えると便利である.
$$\begin{bmatrix}e+d\\e\end{bmatrix}_q = \frac{[e+1]_q[e+2]_q\cdots[e+d]_q}{[1]_q[2]_q\cdots[d]_q}$$
$$= q^{-de}\frac{(1-U^{e+1})(1-U^{e+2})\cdots(1-U^{e+d})}{(1-U)(1-U^2)\cdots(1-U^d)}$$

と

(4.5) $\quad -(q-q^{-1})\begin{bmatrix}e+d\\e\end{bmatrix}_q = q^{-de-1}\frac{(1-U^{e+1})(1-U^{e+2})\cdots(1-U^{e+d})}{(1-U^2)\cdots(1-U^d)}$

に注意しよう.べき級数 $f(U) \in \mathbb{Z}[[U]]$ に対して,それの U^n の係数を $[f(U)]_n$ で表す.

系4.62(Cayley–Sylvester の個数公式) 2変数 d 次斉次式に対する e 次古典不変式全体のなすベクトル空間 $k[\xi_0,\cdots,\xi_d]_e^{SL(2)}$ の次元 $m(d,e)$ は
$$\left[\frac{(1-U^{e+1})(1-U^{e+2})\cdots(1-U^{d+e})}{(1-U^2)\cdots(1-U^d)}\right]_{de/2}$$
に等しい.(de が奇数のとき $m(d,e)$ は零である.) □

系4.63(Hermite の相互律)
$$m(d,e) = m(e,d).$$
□

(d) 計算例

命題4.64 $2 \leqq d \leqq 6$ の場合の2変数古典不変式環の Poincaré 級数 $P^{(d)}(t)$ は
$$P^{(2)}(t) = \frac{1}{1-t^2}, \quad P^{(3)}(t) = \frac{1}{1-t^4}, \quad P^{(4)}(t) = \frac{1}{(1-t^2)(1-t^3)}$$
$$P^{(5)}(t) = \frac{1+t^{18}}{(1-t^4)(1-t^8)(1-t^{12})}$$

第4章 代数群と不変式環

$$P^{(6)}(t) = \frac{1+t^{15}}{(1-t^2)(1-t^4)(1-t^6)(1-t^{10})}$$

である.

[証明] $d=4,5$ の場合を示そう. 上より

$$m(4,e) = \left[\frac{(1-U^{e+1})(1-U^{e+2})(1-U^{e+3})(1-U^{e+4})}{(1-U^2)(1-U^3)(1-U^4)}\right]_{2e}$$

である. 分子を展開して出てくる $(2e+1)$ 次以上の項は無視してよい. よって次を得る.

$$m(4,e) = \left[\frac{1-U^{e+1}-U^{e+2}-U^{e+3}-U^{e+4}}{(1-U^2)(1-U^3)(1-U^4)}\right]_{2e}$$
$$= \left[\frac{1}{(1-U)(1-U^{3/2})(1-U^2)}\right]_e - \left[\frac{U+U^2+U^3+U^4}{(1-U^2)(1-U^3)(1-U^4)}\right]_e$$
$$= \left[\frac{1+U^{3/2}}{(1-U)(1-U^2)(1-U^3)}\right]_e - \left[\frac{U}{(1-U)(1-U^2)(1-U^3)}\right]_e$$
$$= \left[\frac{1}{(1-U^2)(1-U^3)}\right]_e.$$

よって Poincaré 級数は

$$P^{(4)}(t) = \frac{1}{(1-t^2)(1-t^3)}$$

である.

e が奇数のときは $m(5,e)=0$ である. よって e は偶数として $e=2a$ とおくと,

$$m(5,2a) = \left[\frac{(1-U^{2a+1})(1-U^{2a+2})(1-U^{2a+3})(1-U^{2a+4})(1-U^{2a+5})}{(1-U^2)(1-U^3)(1-U^4)(1-U^5)}\right]_{5a}$$

である. 分子を展開して出てくる $(5a+1)$ 次以上の項は無視してよいから次を得る.

$m(5,2a)$
$$= \left[\frac{1}{(1-U^2)(1-U^3)(1-U^4)(1-U^5)}\right]_{5a}$$

$$-\left[\frac{U+U^2+U^3+U^4+U^5}{(1-U^2)(1-U^3)(1-U^4)(1-U^5)}\right]_{3a}$$
$$+\left[\frac{U^3+U^4+2U^5+2U^6+2U^7+U^8+U^9}{(1-U^2)(1-U^3)(1-U^4)(1-U^5)}\right]_a$$
$$=\left[\frac{(1+U^2+U^4+U^6+U^8)(1+U^3+U^6+U^9+U^{12})(1+U^4+U^8+U^{12}+U^{16})}{(1-U^{10})(1-U^{15})(1-U^{20})(1-U^5)}\right]_{5a}$$
$$-\left[\frac{U(1+U^2+U^4)(1+U^4+U^8)(1+U+U^2)}{(1-U^6)(1-U^3)(1-U^{12})(1-U^3)}\right]_{3a}$$
$$+\left[\frac{U^3(1+U+U^2+U^3+U^4)(1+U^2)}{(1-U^2)(1-U^3)(1-U^4)(1-U^5)}\right]_a$$
$$=\left[\frac{1+U^5+4U^{10}+5U^{15}+7U^{20}+4U^{25}+3U^{30}}{(1-U^5)(1-U^{10})(1-U^{15})(1-U^{20})}\right]_{5a}$$
$$-\left[\frac{2U^3+2U^6+3U^9+U^{12}+U^{15}}{(1-U^3)^2(1-U^6)(1-U^{12})}\right]_{3a}+\left[\frac{U^3}{(1-U)(1-U^2)^2(1-U^3)}\right]_a$$

よって Poincaré 級数は

$$P^{(5)}(\sqrt{t})=\frac{1+t+4t^2+5t^3+7t^4+4t^5+3t^5}{(1-t)(1-t^2)(1-t^3)(1-t^4)}-\frac{2t+2t^2+3t^3+t^4+t^5}{(1-t)^2(1-t^2)(1-t^4)}$$
$$+\frac{t^3}{(1-t)(1-t^2)^2(1-t^3)}$$
$$=\frac{1+t^9}{(1-t^2)(1-t^4)(1-t^6)}$$

である. ∎

$d=2,3$ のとき,判別式の次数は $2,4$ である. $d=4$ のときは,第 1 章で求めた特性多項式の係数 $g_2(\xi)$ と $g_3(\xi)$ が 2 次,3 次の不変式である. ここで $\xi_0=\xi_4$, $\xi_1=\xi_3=0$ とおくと,

$$g_2(\xi)=\xi_0^2+3\xi_2^2, \quad g_3(\xi)=(\xi_0^2-\xi_2^2)\xi_2$$

を得るので,両者は代数的に独立である. よって次を得る.

系 4.65 2 変数古典不変式環は $d=2,3$ のときは判別式 $D(\xi)$ で,$d=4$ のときは $g_2(\xi)$ と $g_3(\xi)$ とで生成される. □

環の構造に関しては次の結果が知られている.

例 4.66 $d=5$ の場合の Poincaré 級数は

$$\frac{1-t^{36}}{(1-t^4)(1-t^8)(1-t^{12})(1-t^{18})}$$

であるが，実際，古典不変式環は次数 $4, 8, 12, 18$ のもので生成され，それらの間に次数 36 の関係が一つある．$d=6$ の場合も同様で，不変式環は次数 $2, 4, 6, 10, 15$ のもので生成され，それらの間に次数 30 の関係が一つある． □

例 4.67（塩田徹治[Sh67]） $d=8$ の場合の Poincaré 級数は

$$P^{(8)}(t) = \frac{1+t^8+t^9+t^{10}+t^{18}}{(1-t^2)(1-t^3)(1-t^4)(1-t^5)(1-t^6)(1-t^7)}$$

で，

$$\frac{1-\sum_{d=16}^{20} t^d + \sum_{d=25}^{29} t^d - t^{45}}{(1-t^2)(1-t^3)(1-t^4)(1-t^5)(1-t^6)(1-t^7)(1-t^8)(1-t^9)(1-t^{10})}$$

とも表される．この場合，不変式環は 9 個の不変式 $J_2(\xi), \cdots, J_{10}(\xi)$ で生成される．これらの間に 5 個の関係式（次数は $16, \cdots, 20$）があり，さらに，その関係の間の関係（syzygies）が 5 個ある．より精密に 5 個の関係は 5 次歪対称行列

$$\begin{pmatrix} 0 & f_6(J) & f_7(J) & f_8(J) & f_9(J) \\ & 0 & f_8(J) & f_9(J) & f_{10}(J) \\ & & 0 & f_{10}(J) & f_{11}(J) \\ & \ominus & & 0 & f_{12}(J) \\ & & & & 0 \end{pmatrix}$$

の 5 個の 4 次主小行列の Pfaff 多項式(Pfaffian)の形に表される[*4]．ただし，$f_i(J)$, $i=6,\cdots,12$, は $J_2,\cdots,J_{10}$ の多項式で $\deg J_\alpha = \alpha$ なる重みで数えたときの斉次 i 次式である． □

[*4] 余次元 3 の Gorenstein 環はいつも奇数個($=2k+1$)の関係式で定義される．さらに，それらは一つの $(2k+1)$ 次歪対称行列の $2k$ 次主小行列の Pfaff 多項式全体である (Buchsbaum–Eisenbud の定理[BE77])．

§4.5 話題: $SL(2)$ の幾何的簡約性

$SL(2)$ の線型簡約性の別証明を与える．代数群 $SL(2)$ の関数環は
$$k[x,y,z,t]/(xt-yz-1)$$
と同型である．ここには
$$\begin{pmatrix} x & y \\ z & t \end{pmatrix} \longrightarrow \begin{pmatrix} a & b \\ c & d \end{pmatrix} \begin{pmatrix} x & y \\ z & t \end{pmatrix} \begin{pmatrix} a' & b' \\ c' & d' \end{pmatrix}$$
でもって $SL(2)$ が両側から作用する．よって，右からのトーラス作用に関する不変部分には左から $SL(2)$ が作用する．これを求めよう．
$$\begin{pmatrix} x & y \\ z & t \end{pmatrix} \begin{pmatrix} q & 0 \\ 0 & q^{-1} \end{pmatrix} = \begin{pmatrix} qx & q^{-1}y \\ qz & q^{-1}t \end{pmatrix}$$
だから
$$k[x,y,z,t]^T = k[xy, xt, zy, zt]$$
である．$xt-yz-1$ は T 不変だから $k[SL(2)]^T$ はこれの $xt-yz-1$ で生成されるイデアルによる剰余環である．

これの別の記述を与えよう．$(u-v)^n$ を分母とし分子が u と v のどちらに関しても n 次以下の有理式の全体
$$\left\{ \frac{f(u,v)}{(u-v)^n} \ \middle| \ \deg_u f(u,v) \leqq n,\ \deg_v f(u,v) \leqq n \right\}$$
を R_n とする．これは $(n+1)^2$ 次元のベクトル空間で R_{n+1} に含まれる．これらの和集合
$$R = \bigcup_{n \geqq 0} R_n = \varprojlim_{n \to \infty} R_n$$
は環
$$k\left[u, v, \frac{1}{u-v}\right] \subset k(u,v)$$
の部分環である．また $k(u,v)$ は
$$u \mapsto \frac{au+b}{cu+d}, \quad v \mapsto \frac{av+b}{cv+d}$$

でもって $SL(2)$ の表現になっているが

$$u-v \mapsto \frac{au+b}{cu+d} - \frac{av+b}{cv+d} = \frac{u-v}{(cu+d)(cv+d)}$$

より R_n は部分表現になっている．より精密に R_n は例 4.50 の表現の自分自身とのテンソル積 $V_n \otimes V_n$ と同型である．

補題 4.68 対応

$$u \mapsto \frac{x}{z}, \quad v \mapsto \frac{y}{t}, \quad \frac{1}{u-v} \mapsto zt$$

は R と $k[SL(2)]^T \subset k[xy, xt, zy, zt]/(xt-yz-1)$ の間の同型を与える． □

証明は容易であるので略す．$SL(2)$ の線型簡約性をいうには命題 4.35 より次を示せばよい．

☆ $SL(2)$ の有限次元表現 V から 1 次元自明表現への全射準同型写像 $V \longrightarrow k$ に対して，$f(w) \neq 0$ なる不変元 $w \in V^{SL(2)}$ が存在する．

表現をその双対で置き換えた次の性質の方を示す．

★ $SL(2)$ の有限次元表現 V の $SL(2)$ 不変元 w に対して，$f(w) \neq 0$ なる V から 1 次元自明表現への $SL(2)$ 不変な線型写像 $f: V \longrightarrow k$ が存在する．

G_m の線型簡約性より，T 不変な線型関数 $f_1: V \longrightarrow k$ でもって $f_1(w) = 1$ なるものが存在する．この f_1 を使って

$$\phi: V \longrightarrow k[SL(2)]$$

を

$$\phi(x)(g) = f_1(g \cdot x), \quad x \in V, \quad g \in SL(2)$$

で定める．ϕ は作用 $V \longrightarrow V \otimes k[SL(2)]$ と $f_1 \otimes 1$ の合成でもある．この ϕ に対して，次が容易にわかる．

補題 4.69

(i) $\phi(w)$ は定数関数 1 である．

(ii) 全ての $x \in V$ に対して $\phi(x)$ は右からの T の作用で不変である．

(iii) ϕ は $SL(2)$ 表現の準同型写像である． □

[定理 4.39 $(n=2)$ の別証明] 補題 4.69 の(ii)より，像 $\phi(V)$ は $k[SL(2)]^T$

に入る．補題 4.68 より n を充分大きくとれば R_n に入る．R_n の元

$$\frac{f(u,v)}{(u-v)^n}, \quad f(u,v) = \sum_{0 \leq i,j \leq n} a_{ij} u^i v^j$$

に対して，$(n+1)$ 次正方行列 $(a_{ij})_{1 \leq i,j \leq n}$ の行列式を対応させる写像を $\det \colon R_n \longrightarrow k$ で表そう．これは $SL(2)$ 不変な $(n+1)$ 次斉次多項式関数である．また単位元

$$R_n \ni 1 = \frac{(u-v)^n}{(u-v)^n} = \frac{u^n - nu^{n-1}v + \binom{n}{2}u^{n-2}v^2 - \cdots + (-v)^n}{(u-v)^n}$$

に対する値は

$$\det \begin{pmatrix} & & & & 1 \\ & & & -n & \\ & & \binom{n}{2} & & \\ & \cdots & & & \\ & \pm n & & & \\ \mp 1 & & & & \end{pmatrix} = \prod_{i=0}^{n} \binom{n}{i}$$

に等しい．

$$\det\left(1 + \epsilon \frac{f(u,v)}{(u-v)^n}\right)$$

を展開したときの ϵ の係数として $SL(2)$ 不変な線型関数

$$h \colon R_n \longrightarrow k, \quad \frac{f(u,v)}{(u-v)^n} \mapsto \sum_{i=0}^{n} (-1)^{n-i} \prod_{j \neq i} \binom{n}{j} a_{i,n-i}$$

も得られる．

(4.6) $\qquad h(1) = \pm (n+1) \prod_{i=0}^{n} \binom{n}{i} \neq 0$

であるから合成

$$f = [V \xrightarrow{\phi} R_n \xrightarrow{h} k]$$

が求めるものである．

この証明で標数零を使ったのは最後の(4.6)だけである．h ではなくもと

の det を使えば次が得られる.

定理 4.70(Seshadri) 基礎体 k の標数が正でも ★ の状況において, 斉次で $SL(2)$ 不変な多項式関数 $f: V \longrightarrow k$ でもって $f(w)=1$ なるものが存在する.

[証明] 体の標数は p として $n=p^\nu-1$ となるように n をとる.
$$(u-v)^n = (u-v)^{p^\nu}/(u-v) = (u^{p^\nu}-v^{p^\nu})/(u-v) = \sum_{i=0}^{n} u^{n-i}v^i$$
だから $\det: R_n \longrightarrow k$ による $1 \in R_n$ の値は 1 である. よって合成
$$f = [V \xrightarrow{\phi} R_n \xrightarrow{\det} k]$$
は $SL(2)$ 不変な $(n+1)$ 次斉次多項式関数で $f(w)=1$ をみたす. ∎

これは代数群の**幾何的簡約性**(geometric reductivity)と呼ばれる性質である. 標数正の体上では $SL(n)$ に対して線型簡約性は成立しないが, 幾何的簡約性は商多様体の構成でそれの替わりをする. 実際, 不変式環の有限生成性や不変式による軌道分離をこの幾何的簡約性から示すことができる.

《要約》

4.1 代数群 G の表現とは G から一般線型群 $GL(n)$ への準同型写像のことである. また, (余)結合律をみたす線型写像 $V \longrightarrow V \otimes k[G]$ の付いたベクトル空間 V も G の表現という.

4.2 代数群に対して, 単位元に台をもつ局所超関数の全体は結合積でもって(非可換)代数になる. 特殊線型群 $SL(n)$ に対して, その Lie 空間上の不変内積を使って, Casimir 元という特別な局所超関数を定義し, これを使って, $SL(n)$ の線型簡約性を示した.

4.3 線型簡約な代数群が有限生成な環に作用するとき, その不変式環は有限生成である. 証明の要点は正次数不変式の生成するイデアルの有限生成性に着目することである.

4.4 局所超関数の間の関係 $e \star f - f \star e = h$ を使って $SL(2)$ の次元公式を示し, その応用として 2 変数斉次式の古典不変式環の Poincaré 級数の公式を求めた.

4.5 $SL(2)$ の線型簡約性の別証を与えた. これは標数正の体上の $SL(2)$ の幾

何的簡約性の証明にもなっている.

──────── 演習問題 ────────

4.1 D と D' が R の微分なら,それらの交換子 $[D, D'] = DD' - D'D$ も微分であることを示せ.

4.2 代数群 G 上の単位元に台をもつ超関数 $\alpha \in \mathcal{H}(G)$ に対して,$R = k[G]$ の自分自身への k 線型写像
$$R \xrightarrow{\mu} R \otimes_k R \xrightarrow{\alpha \otimes 1} k \otimes_k R \simeq R$$
を $D_\alpha \in \mathrm{End}_k R$ で表す.このとき,次の2条件が同値であることを示せ.
(i) $\alpha : R \longrightarrow k$ は $k = R/\mathfrak{m}$ に値をもつ微分である.
(ii) $D_\alpha : R \longrightarrow R$ は R の微分である.

4.3 代数群 G の e での微分の全体 $\mathrm{Lie}\, G$ は超関数代数 $\alpha \in \mathcal{H}(G)$ の中で交換子 $\alpha \star \beta - \beta \star \alpha$ に関して閉じていることを示せ.(この交換子付き Lie 空間 $\mathrm{Lie}\, G$ は代数群 G の **Lie 環**と呼ばれる.)

4.4 G は代数群で,$\chi \in k[G]$ は G の指標とする.このとき,G の線型表現 V に対して,
$$V_\chi := \{v \in V \mid \mu_V(v) = v \otimes \chi\}$$
は部分表現であることを示せ.

4.5 $\mu_V : V \longrightarrow V \otimes k[G]$ と $\mu_W : W \longrightarrow W \otimes k[G]$ はともに代数群 G の表現とする.

(1) 合成写像
$$V \otimes W \xrightarrow{\mu \otimes \mu} V \otimes k[G] \otimes W \otimes k[G] \simeq V \otimes W \otimes k[G] \otimes k[G] \xrightarrow{1 \otimes 1 \otimes m} V \otimes W \otimes k[G]$$
でもってテンソル積 $V \otimes_k W$ が G の表現であることを示せ.ただし,$m : k[G] \otimes k[G] \longrightarrow k[G]$ は環の乗法が導く準同型写像である.

(2) ベクトル空間 V から W への線型写像の全体 $\mathrm{Hom}_k(V, W)$ も G の表現になることを示せ.

(3) $f \in \mathrm{Hom}_k(V, W)$ が G 不変であることと f が G 準同型であることは同値であることを示せ.

4.6 G は線型簡約とする.W が有限次元 G の表現 V の部分表現であるとき W は V の直和因子であることを証明せよ.(ヒント:表現の全射 $\mathrm{Hom}_k(V, W) \longrightarrow$

$\mathrm{Hom}_k(W,W)$ に線型簡約性を適用せよ．）これは，表現の**完全可約性**(complete reducibility)と呼ばれる．

4.7
$$0 \longrightarrow U \longrightarrow V \longrightarrow W \longrightarrow 0$$
は G の表現の完全列(exact sequence)とする．このとき，不変部分をとって得られる
$$0 \longrightarrow U^G \longrightarrow V^G \longrightarrow W^G$$
は完全列であることを示せ(不変部分をとる関手の左完全性)．

4.8 $\mu: V \longrightarrow V \otimes k[G]$ は代数群 G の表現とする． k 値点 $g \in G(k)$ に対応する極大イデアルを $\mathfrak{m}_g$ とし，合成
$$V \xrightarrow{\mu} V \otimes k[G] \xrightarrow{\mathrm{mod}\ \mathfrak{m}_g} V \otimes k \simeq V$$
で定まる V の自分自身への線型写像を $\rho(g)$ で表す．座標環 $k[G]$ が整域で，全ての $g \in G(k)$ に対して $\rho(g)(v) = v$ なら $v \in V$ は G 不変であることを示せ．

5

商多様体の構成

代数群 G がアフィン代数多様体 $X = \mathrm{Spm}\, R$ に作用しているとする. この上の G 不変関数(不変式) $f_1, \cdots, f_K \in R^G$ による, アフィン空間への射
$$\phi: X \longrightarrow \mathbb{A}^K, \quad x \mapsto (f_1(x), \cdots, f_K(x))$$
を考えよう. 各 f_i は G 不変であるから G 軌道上では定数である. よって, ϕ は各 G 軌道を 1 点に写す. 不変式による商多様体の構成とは素朴であるが基本的には次のことを指す.

期待 不変式 $f_1, \cdots, f_K \in R^G$ を沢山とってくれば, ϕ の像として「商多様体 X/G」が得られるだろう.

まず,「沢山」とはどういうことだろうか? 代数群が線型簡約なときは, Hilbert の定理より不変式環は有限生成である. よって $f_1, \cdots, f_K$ としてその生成系をとるのがよいだろう. しかし,「商」と呼ぶからには次の問に答えなければならない.

基本問題 1 二つの異なる軌道は ϕ でもって違う点に写るか?

$f_1, \cdots, f_K$ として生成系をとっているので,

「異なる軌道で違う値をとる不変式が存在するか?」

と言い替えられる. また,「多様体」というからには次が避けて通れない.

基本問題 2 ϕ の像は代数多様体か?

例 3.26 で見たように, 代数多様体間の射の像は必ずしも代数多様体では

ない．以下ではこれらの問題を考察し，ϕ の像（本質的には $\mathrm{Spm}\,R^G$）を商と考えることの有効性，適合性について検証しよう．二つの基本問題に線型簡約性は見事に答えてくれる．しかし，その前に基本問題 1 は修正を余儀なくされる．

また，アフィン多様体の商としては必ずしもアフィン多様体（が自然）ではないので上の期待には限界がある．一般論は後にして，このことを古典的な超曲面の場合に見よう．これは半直線型作用の典型例で射影多様体が商として自然に現われる．

§5.1 アフィン多様体としての商

（a） 軌道の分離

まず次の例をよく見よう．

例 5.1 複素数の乗法群 $G = \boldsymbol{G}_m$ が 2 次元アフィン空間 $\mathbb{A}^2$ に
$$(x,y) \mapsto (tx, t^{-1}y), \quad t \in \boldsymbol{G}_m$$
で作用しているとする．この作用の軌道は次の 3 種類である．
（ⅰ） 原点 $(0,0)$ はこれだけで一つの軌道．
（ⅱ） 各 $0 \neq a \in k$ に対して双曲線 $xy = a$ は一つの軌道．
（ⅲ） x 軸から原点を除いたもの，y 軸から原点を除いたものはそれぞれ

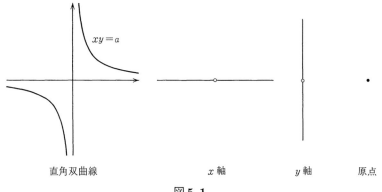

図 5.1

一つの軌道.

一方，この作用は G_m の $R=k[x,y]$ への作用を導き，それによる不変式環 R^G は単項式 xy で生成される．不変式環の生成元 xy による射
$$\phi\colon \mathbb{A}^2 \longrightarrow \mathbb{A}^1, \quad (x,y) \mapsto xy$$
は他の軌道は分離するが，(i)と(iii)の三つの軌道はどれに対しても値が零で，これらを分離してくれない．(演習問題 3.6 と比較せよ．) □

こうも簡単な例で，しかも群 G_m は線型簡約なのに，基本問題1に反例が出てきてしまった．何がいけないのだろうか？ 答えは簡単で基本問題1では射 ϕ の連続性を忘れていたのである．ϕ の各ファイバー(1点の逆像)は常に閉集合である．よって，閉集合でない軌道が存在すると基本問題1の答えは否定的である．では，どうすればよいだろうか？ 上の例に対する問題処理の代表的な意見をあげよう．

(i) 不変式で分離できない三つの軌道は同一視しようではないか．

(ii) いや，この例では G の固定点である原点が「諸悪の元凶」である．ここでだけ，安定化部分群の次元がジャンプしている．この悪い点をとり除いて安定化部分群の次元を揃えておいてから商をとればよい．

(iii) いやいや，そんなことをすると商はできるかもしれないが，Hausdorff 的(代数幾何の言葉では分離的)でなくなってしまう．それよりも x 軸(または，y 軸)全体をとり除いて商をとるのがよい．こうすれば，$\mathbb{A}^1 \times G_m$ を G_m で割る奇麗な商として $\mathbb{A}^1$ が得られる．

最後の意見への反論もあって議論は続くが，ここでは最初の意見に沿った答えを与える．

定義 5.2 二つの G 軌道 $O, O' \subset X$ はそれらを両端とする軌道の列
$$O = O_1, O_2, \cdots, O_{n-1}, O_n = O'$$
でもって，隣り合う軌道の閉包が共通点をもつ，すなわち，
$$\overline{O_i} \cap \overline{O_{i+1}} \neq \emptyset, \quad \forall i = 1, 2, \cdots, n-1$$
なるものが存在するとき，**閉包同値である**という． □

不変式はその連続性より，閉包同値な軌道で同じ値をとる．よって，基本問題1を次のように修正しよう．

基本問題 3 閉包同値でない二つの軌道は ϕ でもって違う点に写るか？
「閉包同値でない軌道で違う値をとる不変式が存在するか？」といっても同じである．これに対しては，線型簡約性が完璧な答えを与えてくれる．

定理 5.3（永田，Mumford） 線型簡約な代数群 G のアフィン代数多様体 X への作用における二つの G 軌道 $O, O' \subset X$ に対して，次の 3 条件は同値である．

(i) 軌道の閉包は共通点をもつ，すなわち，$\overline{O} \cap \overline{O'} \neq \emptyset$．
(ii) 閉包同値である．
(iii) G 不変式で分離できない．

[証明] (i) $\Longrightarrow$ (ii) $\Longrightarrow$ (iii) は明らかである．(iii) $\Longrightarrow$ (i) の対偶を示そう．すなわち，$\overline{O} \cap \overline{O'} = \emptyset$ なら不変式で分離できることを示す．

Step 1 $\overline{O}$ 上で零になる関数の全体を $\mathfrak{a} \subset R := k[X]$ としよう．これはイデアルである．同様に $\overline{O'}$ 上で零になる関数の全体を $\mathfrak{a}'$ とし，両者で生成されるイデアル $\mathfrak{a} + \mathfrak{a}'$ を考えよう．これの共通零点集合は仮定より空集合である．よって，Hilbert の零点定理（定理 3.7）よりイデアル $\mathfrak{a} + \mathfrak{a}'$ は R と一致する．

Step 2 $\overline{O}, \overline{O'} \subset X$ は G の作用で保たれる．よって，$\mathfrak{a}, \mathfrak{a}' \subset R$ は G の部分表現である．そこで，R 加群の準同型写像

$$\mathfrak{a} \oplus \mathfrak{a}' \longrightarrow R, \quad (a, a') \mapsto a + a'$$

を考えよう．これは G 表現の準同型写像でもある．そして，Step 1 より全射である．よって，線型簡約性より

$$(\mathfrak{a} \cap R^G) \oplus (\mathfrak{a}' \cap R^G) \longrightarrow R^G$$

も全射である．すなわち，不変式 $f \in \mathfrak{a} \cap R^G$ と $f' \in \mathfrak{a}' \cap R^G$ でもって $f + f' = 1$ なるものが存在する．f は軌道 O 上では値 0 を O' 上では 1 をとる． ∎

系 5.4 異なる閉 G 軌道は G 不変式で分離できる． □

系 5.5 一つの閉包同値類の中には閉 G 軌道がちょうど 1 個存在する．

[証明] 系 5.4 より，高々一つしかない．よって，存在を示せばよい．一つの閉包同値類に属する軌道の中で次元が最小のものを O としよう．これは閉集合である．実際，そうでないとすると，軌道 O の境界 $\overline{O} - O$ がいくつ

かの軌道の和集合になるが，それらは O と閉包同値で，しかも O より次元が小さくなって矛盾してしまう. ∎

定理より ϕ の像は軌道の閉包同値類の全体をパラメータ付けている. また，全ての閉軌道の全体をパラメータ付けているといってもよい.

G_a のような(簡約でない)代数群の作用では，定理は簡単に崩れてしまう.

例5.6 加法的群 G_a のアフィン平面への作用
$$(x,y) \mapsto (x, tx+y), \quad t \in G_a$$
を考える. この場合，軌道は次の2種類である.

（1） y 軸とは異なるが，それと平行な直線.

（2） y 軸上の各点

である. とくに，全ての軌道は閉集合である[*1]. このとき，(2)のどの2点も不変式で分離できない.（関数 y はイデアル (x) を法としては G 不変であるが，線型簡約でないために G 不変な多項式に持ち上げることはできないのが理由である.） ∎

(b) アフィン基本射の全射性

次に基本問題2を考えよう. $f_1, \cdots, f_K \in R^G$ を不変式環の生成元としてアフィン空間への射
$$\phi \colon X \longrightarrow \mathbb{A}^K, \quad x \mapsto (f_1(x), \cdots, f_K(x))$$
を考えていた. これの像の(Zariski)閉包 Y とは

★　$f_1, \cdots, f_K$ が R^G 内でみたす全ての多項式関係 $F(f_1, \cdots, f_K) = 0$ に対して，$F(a_1, \cdots, a_K) = 0$

をみたす点 $(a_1, \cdots, a_K) \in \mathbb{A}^K$ の全体である.

命題5.7 代数群 G が線型簡約なら，ϕ の像は上の閉包 Y である.

[証明] 方針は Hilbert の定理4.46のときと同様である. ★をみたす点 $(a_1, \cdots, a_K)$ に対して，R 加群の準同型写像

[*1] ベキ単群(unipotent group)のアフィン多様体への作用ではいつもこうなる.

$$\pi: R\oplus\cdots\oplus R \longrightarrow R, \quad (b_1,\cdots,b_K) \mapsto \sum_{i=1}^{K} b_i(f_i - a_i)$$

を考える. 各 $f_i - a_i$ は G 不変だから π は G 表現の準同型写像でもある. π の G 不変部分 π^G は全射ではない. 実際, π^G の像は点 $(a_1,\cdots,a_K) \in Y$ に対応する極大イデアルである. よって, 線型簡約性より π 自身も全射でない. だから, π の像を含む R の極大イデアル $\mathfrak{m}$ が存在する. 系 2.25 より, $\mathfrak{m} \cap R^G$ は極大イデアルである. よって, $(a_1,\cdots,a_K)$ の定める極大イデアルと一致する. ∎

ϕ の像の閉包 Y は生成元 $f_1,\cdots,f_K$ のとり方によらずに定まる. これは不変式環のスペクトル $\operatorname{Spm} R^G$ に外ならない. これを $X//G$ で表そう. 自然な単射 $R^G \subset R$ はアフィン多様体の間の支配射

$$\Phi: X \longrightarrow X//G = Y$$

を定める. これを**アフィン基本射**と呼ぼう. 上で示したことをまとめて次を得る.

定理 5.8 G が線型簡約ならアフィン基本射 Φ は全射で, $\operatorname{Spm} R^G$ はこれを介して G 軌道の閉包同値類と 1 対 1 に対応する. ∎

この外にも Φ は次の性質をみたす.

命題 5.9 Z が X の G 不変閉部分集合なら, 像 $\Phi(Z)$ も閉集合である. ∎

[証明] 閉集合 $Z \subset X$ の定義イデアルを $\mathfrak{a}$ としよう. $\mathfrak{a}$ は不変である. よって, G が剰余環 $R/\mathfrak{a}$ に作用する. $\Phi(Z)$ の閉包の定義イデアルは $R^G \cap \mathfrak{a}$ である. 定理 5.8 より, $Z \longrightarrow Z//G = \operatorname{Spm}(R/\mathfrak{a})^G$ は全射である. 線型簡約性より $R^G/(R^G \cap \mathfrak{a}) \longrightarrow (R/\mathfrak{a})^G$ は同型である. よって, $\Phi(Z)$ はイデアル $R^G \cap \mathfrak{a}$ で定まる閉集合である. ∎

部分集合 $A \subset X//G$ に対して $\Phi^{-1}A$ は G 不変である. よって, $\Phi^{-1}A$ が閉集合なら上より A は閉集合である.

系 5.10 アフィン基本射 Φ ははめ込み(submersion)である, すなわち, $X//G$ の部分集合 A に対して $\Phi^{-1}A$ が開集合なら A も開集合である. ∎

(c) 安 定 性

系 5.4 を生かす次の概念が重要である.

定義 5.11 線型簡約な代数群 G がアフィン代数多様体 X に作用しているとする. このとき, 点 $x \in X$ は次の 2 条件をみたすとき, G の作用に関して**安定**(stable)であるという.

（ⅰ） 軌道 Gx は閉集合.
（ⅱ） 安定化部分群 $\mathrm{Stab}(x) = \{g \in G \mid gx = x\}$ は有限.

また, X の安定点全体のなす部分集合を X^s で表す. □

注意 $x \in X$ を固定したとき, g に gx を対応させる射を
$$\psi_x : G \longrightarrow X$$
で表す. これの像は x を通る軌道 Gx である. また, ファイバー $\psi_x^{-1}(x)$ は安定化部分群 $\mathrm{Stab}(x)$ である. よって, 上の 2 条件は ψ が固有射であることと同値である.

安定化部分群 $\mathrm{Stab}(x)$ が正次元の点 $x \in X$ 全体の軌跡を Z とする.

命題 5.12 X^s は $\varPhi^{-1}(\varPhi(Z))$ の補集合と一致する.

［証明］ $\varPhi(x) \in \varPhi(Z)$ としよう. $x \in Z$ なら安定化部分群が正次元で安定でない. $x \notin Z$ なら $\varPhi^{-1}(\varPhi(x))$ は二つ以上の軌道を含むので, 系 5.5 より Gx は閉集合でない. 逆も同様である. ∎

系 5.13 全ての点が安定なことと安定化部分群が全ての点で有限なことは同値である. □

群作用が定める射
$$G \times X \longrightarrow X \times X, \quad (g, x) \mapsto (gx, x)$$
による対角線 $\varDelta$ の引き戻しを $\widetilde{Z} \subset G \times X$ とするとき, Z は第 2 射影 $\widetilde{Z} \longrightarrow X$ において, ファイバーが正次元になる点の軌跡である. よって, $Z \subset X$ は閉集合である. Z は G 不変でもあるから, 命題 5.9 より次を得る.

命題 5.14 X^s とその像 $\varPhi(X^s)$ は開集合である. □

$x \in X$ が安定で軌道 Gx と Gy が閉包同値とすると, Gx が閉集合であるこ

とより，$Gx \subset \overline{Gy}$ でなければならないが，$\dim Gx = \dim G$ であることより，$Gx = Gy$ となる．よって，定理 5.3 より，次を得る．

定理 5.15 線型簡約な代数群 G が X に作用していて，$x \in X$ は安定とする．このとき，勝手な $y \in X - Gx$ に対して $f(x) \neq f(y)$ なる不変式 $f \in R^G$ が存在する． □

X^s の像を X^s/G で表そう．可換図式

$$\begin{array}{ccc} X & \xrightarrow{\Phi} & X//G \\ \text{開} \cup & & \cup \text{開} \\ X^s & \longrightarrow & X^s/G \end{array}$$

を得る．

系 5.16 $\Phi: X \longrightarrow X//G$ の制限 $X^s \longrightarrow X^s/G$ においては G 軌道と X^s/G の点が 1 対 1 に対応する． □

この状況を，アフィン基本射 Φ でもって X^s の G による**幾何学的商**(geometric quotient)が得られているという．(正確な定義については[M65]の4頁を見よ．)

(d) 商関手の近似

アフィン基本射の関手論的な意味を説明しておく．代数多様体(一般にはスキーム) X に付随する関手

$$\underline{X}: (k \text{ 上の環}) \longrightarrow (\text{集合})$$

を思い出そう(第3章)．代数群 G は

$$\underline{G}: (k \text{ 上の環}) \longrightarrow (\text{群})$$

なる関手を定める．また，G が X に作用するとは関手 $\underline{G}$ が関手 $\underline{X}$ に作用することに外ならない．よって，ここから商関手

$$\underline{X}/\underline{G}: (k \text{ 上の環}) \longrightarrow (\text{集合}), \quad R \mapsto \underline{X}(R)/\underline{G}(R)$$

が定まる．これに関して，アフィン基本射 $\Phi: X \longrightarrow X//G$ は次のように特徴付けられる．

命題 5.17 Φ は商関手 $\underline{X}/\underline{G}$ の最良近似である，すなわち，次の性質☆を

もつ射 $\phi\colon X \longrightarrow Y$ の中で最も普遍的である(定義 3.40).

☆ Y に自明な G 作用を入れたとき,ϕ は G 同変である.
(このような ϕ に対して $\phi = f \circ \Phi$ なる射 $f\colon X//G \longrightarrow Y$ が一意的に存在する.) □

系 5.16 より Φ の制限 $X^s \longrightarrow X^s/G$ は関手 $\underline{X^s/G}$ の粗モジュライである.

§5.2 古典不変式と非特異超曲面のモジュライ

前節の一般論を非特異超曲面に適用する.

(a) 古典不変式と判別式

$(n+1)$ 変数 d 次斉次式は

$$f(x) = \sum_{|I|=d} a_I x^I, \quad a_I \in k$$

と表される.ただし,I は多重添字 $(i_0, i_1, \cdots, i_n)$ で,全部で $\binom{n+d}{d}$ 個ある.また,$|I|$ と x^I は,それぞれ $\sum i_\alpha$ と $x_0^{i_0} x_1^{i_1} \cdots x_n^{i_n}$ の略記である.正確さを期すために,$\binom{n+d}{d}$ 個の独立な不定元 ξ_I を導入して,それらを係数とする斉次式

$$f(\xi; x) = \sum_{|I|=d} \xi_I x^I \in k[x_0, \cdots, x_n, \cdots, \xi_I, \cdots]$$

を考えよう(一般形式).正則行列 $g = (a_{ij}) \in GL(n+1)$ で変換して得られる斉次式とは,変数 $x_0, x_1, \cdots, x_n$ に

$$\sum_j a_{0j} x_j, \ \sum_j a_{1j} x_j, \ \cdots, \ \sum_j a_{nj} x_j$$

を代入して得られる多項式

$$\begin{aligned}
f(\xi; gx) &= f(\xi; \sum_j a_{0j} x_j, \sum_j a_{1j} x_j, \cdots, \sum_j a_{nj} x_j) \\
&= \sum_{i_0 + i_1 + \cdots + i_n = d} \xi_I (\sum_j a_{0j} x_j)^{i_0} (\sum_j a_{1j} x_j)^{i_1} \cdots (\sum_j a_{nj} x_j)^{i_n}
\end{aligned}$$

のことである.これを展開して,x の単項式にまとめ直したものを

$$\sum_{|I|=d} \xi_I(g) x^I$$

としよう.$\xi_I(g)$ は a_{ij} の多項式 g_I^J を使って,

$$\xi_I(g) = \sum_{|J|=d} g_I^J \xi_J$$

と表される.

定義 5.18 不定元 ξ_I, $|I|=d$, の斉次多項式 $F(\xi)$ は行列式が1となる全ての変換 $g \in SL(n+1)$ に対して,

(5.1) $$F(\cdots, \xi_I(g), \cdots) = F(\cdots, \xi_I, \cdots)$$

が成立するとき**古典不変式**であるという. □

d 次斉次多項式 $f(x_0, x_1, \cdots, x_n)$ の全体は $\binom{n+d}{d}$ 個の単項式 x^I, $|I|=d$, を基底とするベクトル空間である.これを $V_{n,d}$ で表そう.

$$F(\cdots, \xi_I, \cdots) \mapsto F(\cdots, \xi_I(g), \cdots), \quad g \in GL(n+1)$$

でもって,$GL(n+1)$ が右から作用する.また,$V_{n,d}$ の射影化を $H_{n,d}$ で表そう.古典不変式は幾何的な言葉でも言い替えられる.

命題 5.19 斉次多項式 $F(\xi)$ に対して次の2条件は同値である.

(i) $F(\xi)$ は不変式である.

(ii) $H_{n,d}$ の部分多様体 $F(\xi)=0$ は $GL(n+1)$ で不変である.

[証明] (ii) $\Longrightarrow$ (i) を示せばよい.$F(\xi)$ が既約な場合に限ってよい.部分多様体 $F(\xi)=0$ を定義するイデアルの生成元は可逆元を除いて一意に定まる.多項式環の可逆元は定数だけだから,$F(\xi)$ で生成される1次元ベクトル空間が G で不変である.$G=GL(n+1)$ の指標は det のベキだけだから(補題 4.12),$F(\xi)$ は $SL(n+1)$ 不変である. ∎

2変数のときと同様,判別式が古典不変式の典型である.

定義 5.20 d 次斉次多項式 $f(x_0, x_1, \cdots, x_n)$ やそれの定める超曲面は偏微分の連立方程式

§5.2 古典不変式と非特異超曲面のモジュライ

$$\frac{\partial f}{\partial x_0}(x_0, x_1, \cdots, x_n) = \frac{\partial f}{\partial x_1}(x_0, x_1, \cdots, x_n) = \cdots = \frac{\partial f}{\partial x_n}(x_0, x_1, \cdots, x_n) = 0$$

の解が $(0,0,\cdots,0)$ しかないとき,**非特異**という(§1.4 を参照). □

特異な超曲面全体 $X: f(x_0, x_1, \cdots, x_n) = 0 \subset \mathbb{P}^n$ のなす部分集合を H_d^{sing} で表す.直積 $\mathbb{P}^n \times H_{n,d}$ の中で部分集合

$$Z = \{(p, X) \mid 超曲面 X は点 p で特異\}$$

を考えよう.座標 $((x_0 : x_1 : \cdots : x_n), (\xi_I))$ を使うと Z は $(n+1)$ 個の方程式系

(5.2) $$\frac{\partial}{\partial x_0}\sum_I \xi_I x^I = \cdots = \frac{\partial}{\partial x_n}\sum_I \xi_I x^I = 0$$

で定義される.よって,Z は直積 $\mathbb{P}^n \times H_{n,d}$ の閉部分多様体である.次の図式が重要である.

$$\mathbb{P}^n \times H_{n,d} \supset Z \xrightarrow{\varphi} H_{n,d}$$
$$\psi \downarrow$$
$$\mathbb{P}^n$$

まず,横の φ の像が H_d^{sing} に外ならないことに注意しよう.縦の ψ のファイバー $\psi^{-1}(p)$ は点 p で特異な超曲面の全体である.よって,(5.2)より $H_{n,d}$ の余次元 $(n+1)$ の部分線型空間である.よって,

$$\dim Z = \dim \mathbb{P}^n + (\psi のファイバーの次元)$$
$$\dim Z \geqq n + \dim H_{n,d} - (n+1) = \dim H_{n,d} - 1$$

である.もう一度,φ に着目しよう.演習問題 5.2 より,適当な点でのファイバーは 1 点である.よって,$\dim H_d^{\mathrm{sing}} = \dim Z$ を得る.射影空間 $\mathbb{P}^n$ は完備だから,φ の像 H_d^{sing} は閉集合でもある.よって,命題 3.38 より,H_d^{sing} は射影空間 $H_{n,d}$ の中で,一つの方程式で定義されている.

定義 5.21 H_d^{sing} を定義する斉次多項式 $D(\cdots, \xi_I, \cdots)$ を d 次斉次多項式や d 次超曲面の**判別式**(discriminant)という. □

明らかに H_d^{sing} は $GL(n+1)$ 不変であるから,命題 5.19 より次を得る.

系 5.22 判別式 $D(\cdots, \xi_I, \cdots)$ は古典不変式である. □

例 5.23 $(n+1)$ 次対称行列 (a_{ij}),$a_{ij} = a_{ji}$,より定まる n 次元 2 次超曲面

$$Q: \sum_{i,j} a_{ij} x_i x_j = 0$$

の場合, $(n+1)$ 次式 $\det(a_{ij})$ が判別式である. □

(b) 非特異超曲面の安定性

次が非特異超曲面のモジュライ構成のもう一つの鍵である.

定理 5.24 (Jordan [J80], 松村–Monsky [MM64]) $f(x)$ は 3 次以上の斉次多項式でそれの定める超曲面は非特異とする. このとき, $f(x)$ を不変にする線型変換 $g \in GL(n+1)$ は高々有限個しかない.

[証明] 正方行列 $A = (a_{ij})_{0 \leq i,j \leq n}$ に対応する偏微分作用素を

$$\mathcal{D}_A = \sum_{i,j} a_{ij} x_j \frac{\partial}{\partial x_i}$$

で定める. $GL(n+1)$ の Lie 空間の元 $A = (a_{ij}) \in M_{n+1}(k)$ は多項式の全体に

$$f(x) \mapsto \mathcal{D}_A f(x) := \sum_{0 \leq i,j \leq n} a_{ij} x_j \frac{\partial f}{\partial x_i}(x)$$

で作用している. よって,

$$\{A \in M_{n+1}(k) \mid \mathcal{D}_A f = 0\}$$

が 0 であることを示せばよい.

$f(x_0, x_1, \cdots, x_n)$ の偏微分を $f_i = \dfrac{\partial f}{\partial x_i}$, $0 \leq i \leq n$ とおく. f の非特異性より

$$f_0(x_0, x_1, \cdots, x_n) = f_1(x_0, x_1, \cdots, x_n) = \cdots = f_n(x_0, x_1, \cdots, x_n) = 0$$

の共通解は $(0, 0, \cdots, 0)$ しかない. よって, 極大イデアル $\mathfrak{m} = (x_0, x_1, \cdots, x_n)$ がイデアル $(f_0, f_1, \cdots, f_n)$ の極小素因子である.

主張 f_i はイデアル $(f_0, \cdots, \hat{f_i}, \cdots, f_n)$ を法として零因子でない.

$i = 0$ の場合を考えれば充分である. Krull の標高定理 ([AM69] 第 11 章) より $I = (f_1, \cdots, f_n)$ を含む極小素イデアルは全て高さ n 以下である. $\mathfrak{m}$ は高さ $n+1$ なので, f_0 はそれらの極小素イデアルのどれにも入らない. これが主張に外ならない.

さて,

$$\mathcal{D}_A = \sum_i \ell_i(x) \frac{\partial}{\partial x_i}, \quad \ell_i(x) = \sum_j a_{ij} x_j$$

§5.2 古典不変式と非特異超曲面のモジュライ

とおこう. $\mathcal{D}_A f = 0$ より恒等式

$$\sum_{i=0}^{n} \ell_i(x) f_i(x) = 0$$

を得る. 主張より, $\ell_i(x)$ は全てイデアル $(f_1, \cdots, \hat{f}_i, \cdots, f_n)$ に入る. 仮定より, $\deg f_i(x) \geqq 2$ だから $\ell_i(x) = 0, A = 0$ である. ■

非特異な斉次方程式の全体は $D(\xi) \neq 0$ で定義される $V_{n,d}$ の開集合である. これを $U_{n,d}$ としよう. $U_{n,d}$ は

$$k\left[\cdots, \xi_I, \cdots, \frac{1}{D(\xi)}\right]$$

を座標環とするアフィン多様体である. そして, $GL(n+1)$ がこれに作用している. 定理 5.24 と系 5.13 より次を得る.

系 5.25 $d \geqq 3$ なら $GL(n+1)$ の作用に関して $U_{n,d}$ の各点は安定である.
□

よって, 系 5.16 より軌道と点が対応する良い商 $\Phi: U_{n,d} \longrightarrow U_{n,d}/GL(n+1)$ が得られる. この $U_{n,d}/GL(n+1)$ を d 次非特異超曲面のモジュライという. 次の例は既に第 1 章で見た.

例 5.26 2 変数 4 次斉次式

$$f_a(x,y) = a_0 x^4 + 4a_1 x^3 y + 6a_2 x^2 y^2 + 4a_3 xy^3 + a_4 y^4 \in V_{1,4}$$

で重解をもたないものの全体が $U_{1,4}$ である. 系 4.65 より, 不変式環

$$k\left[\xi_{40}, \xi_{31}, \xi_{22}, \xi_{13}, \xi_{04}, \frac{1}{D(\xi)}\right]^{GL(2)}$$

は $g_2^3(\xi)/D(\xi)$ で生成される ($\xi_{4-i,i} = \xi_i$). よって, アフィン基本射は

$$\Phi: U_{1,4} = \{\text{重解をもたない 2 変数 4 次式}\} \longrightarrow \mathbb{A}^1, \quad f_a(x,y) \mapsto \frac{g_2^3(a)}{D(a)}$$

で, これは f_a の $GL(2)$ 同値類とアフィン直線 $\mathbb{A}^1$ の間の全単射を与える. (命題 1.19 での証明と比べてみよ.) □

例 5.27 3 変数 3 次斉次式

$$f_a(x,y,z) \in V_{2,3} = \langle x^3, y^3, z^3, x^2 y, y^2 z, z^2 x, xy^2, yz^2, zx^2, xyz \rangle$$

(平面 3 次曲線といっても同じ)で非特異なものの全体を考えよう. 不変式環

$$k\left[\xi_{300},\xi_{030},\xi_{003},\xi_{210},\xi_{021},\xi_{102},\xi_{120},\xi_{012},\xi_{201},\xi_{111},\frac{1}{D(\xi)}\right]^{GL(3)}$$

は一つの不変式 $G_4^3(\xi)/D(\xi)$ で生成され,アフィン基本射

$$\varPhi\colon \{\text{非特異3変数3次式}\} \longrightarrow \mathbb{A}^1, \quad f_a(x,y,z) \mapsto \frac{G_4^3(a)}{D(a)}$$

は f_a の $GL(3)$ 同値類と $\mathbb{A}^1$ の間の全単射を与える(例 5.47). □

§5.3 超曲面のモジュライ

前節での非特異超曲面のモジュライの構成の鍵は判別式であったが,これを一般の非定数古典不変式 $F(\cdots,\xi,\cdots)$ で置き換えて同様の構成ができる. 定理 4.48 より,不変式環

$$k\left[\cdots,\xi_I,\cdots,\frac{1}{F(\xi)}\right]^{GL(n+1)}$$

は有限生成である. これのスペクトルはアフィン基本射

$$\operatorname{Spm} k\left[\cdots,\xi_I,\cdots,\frac{1}{F(\xi)}\right] \longrightarrow \operatorname{Spm} k\left[\cdots,\xi_I,\cdots,\frac{1}{F(\xi)}\right]^{GL(n+1)}$$

を介して, $F(a)\neq 0$ をみたす斉次式の $GL(n+1)$ 閉包同値類をパラメータ付けている.

命題 5.28

$$k\left[\cdots,\xi_I,\cdots,\frac{1}{F(\xi)}\right]^{GL(n+1)}$$

の商体は不変有理式体 $k(\cdots,\xi_I,\cdots)^{GL(n+1)}$ と一致する.

[証明] $\deg F(\xi)=h>0$ とおく. 勝手な不変有理式は多項式の比 $A(\xi)/B(\xi)$ と表される. $GL(n+1)$ に含まれるスカラー行列で不変なことより, $A(\xi),B(\xi)$ はともに斉次式である. また,両者の次数は等しい. これを e とおく.

$$\frac{A(\xi)}{B(\xi)}=\frac{A(\xi)B(\xi)^{h-1}}{B(\xi)^h}$$

だから，これは二つの不変式

$$a(\xi) = \frac{A(\xi)B(\xi)^{h-1}}{F(\xi)^e}, \quad b(\xi) = \frac{B(\xi)^h}{F(\xi)^e} \in k\left[\cdots, \xi_I, \cdots, \frac{1}{F(\xi)}\right]^{GL(n+1)}$$

の比に等しい. ■

古典不変式環

$$R = k[\cdots, \xi_I, \cdots]^{SL(n+1)} = \bigoplus_{e=0}^{\infty} k[\cdots, \xi_I, \cdots]_e^{SL(n+1)}$$

は定理 4.46 より，有限個の古典不変式で生成される．

補題 5.29 不変式環

$$k\left[\cdots, \xi_I, \cdots, \frac{1}{F(\xi)}\right]^{GL(n+1)}$$

は

(5.3) $$\left\{ \frac{G(\xi)}{F(\xi)^m} \;\middle|\; G(\xi) \in R, \; \deg G(\xi) = \deg F(\xi)^m, \; m \geqq 0 \right\}$$

と一致する． □

証明は簡単なので略す．環 (5.3) を $R_{F,0}$ で表す．$SL(n+1)$ 不変式環 R の生成元を

$$F_1(\xi), \; F_2(\xi), \; \cdots, \; F_\kappa(\xi)$$

とし，$GL(n+1)$ 不変式環のスペクトル

$$U_1 = \operatorname{Spm} k\left[\cdots, \xi_I, \cdots, \frac{1}{F_1(\xi)}\right]^{GL(n+1)} = \operatorname{Spm} R_{F_1,0}$$

$$\vdots$$

$$U_\kappa = \operatorname{Spm} k\left[\cdots, \xi_I, \cdots, \frac{1}{F_\kappa(\xi)}\right]^{GL(n+1)} = \operatorname{Spm} R_{F_\kappa,0}$$

を考えよう．これらは $k(\cdots, \xi_I, \cdots)^{GL(n+1)}$ を共通の商体としている．

補題 5.30 U_i と U_j は分離的かつ単純に貼り合う．

[証明] $\deg F_i(\xi)$ と $\deg F_j(\xi)$ の最小公倍数を e とし，$e = e_i \deg F_i(\xi) = e_j \deg F_j(\xi)$ で e_i, e_j を定める．このとき，$R_i = R_{F_i,0}$ と $R_j = R_{F_j,0}$ の生成する環 R_{ij} は分母に

$$F_i(\xi)^{e_i} F_j(\xi)^{e_j}$$

のベキだけを許す不変有理式の全体である.

$$\frac{G(\xi)}{(F_i(\xi)^{e_i} F_j(\xi)^{e_j})^m} = \frac{G(\xi)}{F_i(\xi)^{2me_i}} \times \left(\frac{F_j(\xi)^{e_j}}{F_i(\xi)^{e_i}}\right)^{-m}, \quad \deg G = 2me$$

だから, R_{ij} は R_i に

$$\frac{F_j(\xi)^{e_j}}{F_i(\xi)^{e_i}} \in R_i$$

の逆元を付加した環である.

定義 5.31 $U_1, \cdots, U_\kappa$ を貼り合わせて得られる(分離的)代数多様体を

$$\operatorname{Proj} \bigoplus_{e=0}^{\infty} k[\cdots, \xi_I, \cdots]_e^{SL(n+1)}$$

で表す. □

これは定義より $U_1, \cdots, U_\kappa$ を開集合として含むが, さらに次が成立する.

命題 5.32 $\operatorname{Proj} k[\cdots, \xi_I, \cdots]^{SL(n+1)}$ は, 全ての非定数古典不変式 $F(\xi)$ に対して, $\operatorname{Spm} k[\cdots, \xi_I, \cdots, 1/F(\xi)]^{GL(n+1)}$ を開集合として含む.

[証明] $F_1(\xi), \cdots, F_\kappa(\xi)$ は R のイデアル

$$R_+ = \bigoplus_{e=1}^{\infty} k[\cdots, \xi_I, \cdots]_e^{SL(n+1)}$$

の生成元でもある. $\deg F(\xi), \deg F_1(\xi), \cdots, \deg F_\kappa(\xi)$ の最小公倍数を e として,

$$e_0 \deg F(\xi) = e_1 \deg F_1(\xi) = \cdots = e_\kappa \deg F_\kappa(\xi) = e$$

でもって, $e_0, \cdots, e_\kappa$ を定める. このとき, $F(\xi)^{e_0}$ は $F_1(\xi)^{e_1}, \cdots, F_\kappa(\xi)^{e_\kappa}$ の生成する R のイデアルの根基に入る. すなわち,

$$F(\xi)^{e_0 m} = F_1(\xi)^{e_1} H_1(\xi) + \cdots + F_\kappa(\xi)^{e_\kappa} H_\kappa(\xi)$$

をみたす自然数 m と古典不変式

$$H_1(\xi), \cdots, H_\kappa(\xi) \in R$$

が存在する. これより,

$$1 = \frac{F_1(\xi)^{e_1} H_1(\xi)}{F(\xi)^{e_0 m}} + \cdots + \frac{F_\kappa(\xi)^{e_\kappa} H_\kappa(\xi)}{F(\xi)^{e_0 m}}$$

§5.3 超曲面のモジュライ ―― 153

を得る．これは環 $R_{F,0}$ における1の分割である（§3.2節末）．よって，

$$\mathrm{Spm}\, R_{F,0} = \bigcup_{i=1}^{\kappa} \mathrm{Spm}\, R_{F,0}\left[\left(\frac{F_i(\xi)^{e_i}}{F(\xi)^{e_0 m}}\right)^{-1}\right]$$

である．右辺の各々は U_i の開集合である．よって $\mathrm{Spm}\, R_{F,0}$ は $\mathrm{Proj}\, k[\cdots, \xi_I, \cdots]^{SL(n+1)}$ の開集合である． □

命題の古典不変式として判別式をとることにより次を得る．

系 5.33 $d \geq 3$ とする．$\mathrm{Proj}\, k[\cdots, \xi_I, \cdots]^{SL(n+1)}$ は非特異超曲面のモジュライを開集合として含む． □

定義 5.34（Hilbert） 斉次多項式

$$f_a(x_0, x_1, \cdots, x_n) = \sum_{|I|=d} a_I x^I \in V_{n,d}$$

（とそれの定義する超曲面）は全ての非定数古典不変式 $F(\cdots, \xi_I, \cdots)$ が消える，すなわち，$F(\cdots, a_I, \cdots) = 0$ となるとき，**概零形式**（Nullform）という． □

Mumford の用語ではこれを**不安定**(unstable)形式，そうでないものを**半安定**(semi-stable)形式という．f_a と f_b が $SL(n+1)$ で移り合うとき，両者の安定性は互いに同値である．古典不変式 $F(\xi)$ は斉次式だから $F(a)$ の値が零でないことは f_a を定数倍しても変わらない．よって，次を得る．

補題 5.35 f_a と f_b が $GL(n+1)$ で移り合うとき，f_a が概零であることと f_b がそうであることは同値である． □

例 5.36 4次斉次式 $f_a(x,y)$ が概零形式であることと方程式 $f_a(x,y) = 0$ が3重解をもつことは同値である．

[証明] $SL(2)$ 不変式環は

$$g_2(\xi) = \xi_0 \xi_4 - 4\xi_1 \xi_3 + 3\xi_2^2$$

と $g_3(\xi)$ で生成されている．$f_a(x,y) = x^4$, $x^3 y$ に対して，$g_2(a) = g_3(a) = 0$ は明らか．よって，3重解をもてば概零である．逆に $f_a(x,y)$ が概零なら判別式 $D(a)$ が零なので重解をもつ．重解が $x = 0$ となるように座標をとって

$$f_a(x,y) = x^2(px^2 + qxy + ry^2)$$

とおこう．$g_2(a) = 0$ より $r = 0$ を得るので，$f_a(x,y) = 0$ は3重解をもつ． ■

勝手な $SL(n+1)$ 不変式 $\widetilde{F}(\xi)$ は古典不変式の和

$$\widetilde{F}(\xi) = \widetilde{F}(0) + F_{(1)}(\xi) + F_{(2)}(\xi) + \cdots + F_{(r)}(\xi), \quad \deg F_{(i)}(\xi) = i$$

に一意的に表される．よって，f_a が概零形式であることと全ての $\widetilde{F}(\xi)$ に対して，$\widetilde{F}(a) = \widetilde{F}(0)$ が成立することとは同値である．よって，定理5.3より次を得る．

定理 5.37 f_a が概零形式であることと $SL(n+1)$ 軌道の閉包 $\overline{SL(n+1)f_a}$ が原点 0 を含むことは同値である． □

ベクトル空間 $V_{n,d}$ に付随するアフィン多様体 $\boldsymbol{V}_{n,d}$ への $SL(n+1)$ の作用に関するアフィン基本射を

$$\Phi: \boldsymbol{V}_{n,d} \longrightarrow \operatorname{Spm} R_{n,d}$$

とするとき，概零形式の全体は $\Phi^{-1}(\Phi(0))$ である．これの補集合を $\boldsymbol{V}_{n,d}^{ss}$ で表そう．これは，基本開集合

$$\{F_1(a) \neq 0\} = \operatorname{Spm} k\left[\cdots, \xi_I, \cdots, \frac{1}{F_1(\xi)}\right],$$
$$\vdots$$
$$\{F_\kappa(a) \neq 0\} = \operatorname{Spm} k\left[\cdots, \xi_I, \cdots, \frac{1}{F_\kappa(\xi)}\right]$$

の和集合である．各々に対するアフィン基本射

$$\Phi_i: \{F_i(a) \neq 0\} \longrightarrow \operatorname{Spm} k\left[\cdots, \xi_I, \cdots, \frac{1}{F_i(\xi)}\right]^{GL(n+1)}, \quad 1 \leqq i \leqq \kappa$$

を貼り合わせて射

$$\Psi: \boldsymbol{V}_{n,d}^{ss} \longrightarrow \operatorname{Proj} R_{n,d}$$

を得る．これを**射影基本射**という．また，$\operatorname{Proj} R_{n,d}$ を $\boldsymbol{V}_{n,d}^{ss} // GL(n+1)$ で表す．

§5.4 安定超曲面のモジュライ

前節で構成した

$$\operatorname{Proj} \bigoplus_{e=0}^{\infty} k[\cdots, \xi_I, \cdots]_e^{SL(n+1)}$$

は勝手な次数付き環でできることにまず注意する．

(a) 射影的代数多様体

$R = \bigoplus_{e \in \mathbb{Z}} R_e$ は次数付き環で整域とする．また，負の e に対しては $R_e = 0$ としよう．R の商体の元は斉次な元 $f \in R_e$, $g \in R_{e'}$ の比 f/g であるとき斉次という．また，その次数を $\deg f/g = \deg f - \deg g$ で定める．

定義 5.38

(i) R の商体において，次数 0 の斉次元全体のなす部分体

$$\left\{ \frac{f}{g} \,\middle|\, f, 0 \neq g \in R,\ \deg f = \deg g \right\} \cup \{0\}$$

を K_0 で表す．

(ii) 斉次元 $0 \neq a \in R$ に対して，分母として a のベキしかもたない元よりなる，体 K_0 の部分環

$$\left\{ \frac{f}{a^n} \,\middle|\, f \in R,\ \deg f = n \deg a \right\} \cup \{0\}$$

を $R_{a,0}$ で表す． □

次は前節と同様に容易に証明できる．

補題 5.39

(i) $R_{a,0}$ の商体は K_0 である．

(ii) 二つの斉次元に対して，$\operatorname{Spm} R_{a,0}$ と $\operatorname{Spm} R_{b,0}$ は分離的かつ単純に貼り合う． □

定義 5.40

(i) 次数付き環 $R = \bigoplus_{e=0}^{\infty} R_e$ に対して，斉次元 $a \neq 0 \in R$ に対する $\operatorname{Spm} R_{a,0}$ の全体を共通の商体 K_0 の中で貼り合わせて得られる，K_0 を商体とする代数多様体を $\operatorname{Proj} R$ で表す．

(ii) $R_0 = k$ なる次数付き環 $R = \bigoplus_{e=0}^{\infty} R_e$ の $\operatorname{Proj} R$ として表される代数多様体を**射影的**(projective)という． □

前節では超曲面のモジュライが射影的代数多様体として得られることを示したことになる．

例 5.41 R が多項式環 $k[X_0, X_1, \cdots, X_n]$ で R_e が e 次斉次式全体の場合，$\operatorname{Proj} R$ は n 次元射影空間 $\mathbb{P}^n$ である（例 3.37）． □

例 5.42 $a_0, a_1, \cdots, a_n$ は自然数とする．$\deg X_i = a_i$ とおくことによって，多項式環 $R = k[X_0, X_1, \cdots, X_n]$ に新しい次数付け $R = \bigoplus_{e=0}^{\infty} R_e$ を与えることができる．ここで，R_e は $\sum_i a_i m_i = e$ なる単項式 $X_0^{m_0} X_1^{m_1} \cdots X_n^{m_n}$ を基底とする部分空間である．このとき，$\operatorname{Proj} R$ は n 次元荷重射影空間 $\mathbb{P}(a_0 : a_1 : \cdots : a_n)$ である（例 3.66）．ただし，$a_0, a_1, \cdots, a_n$ に共通因子がある場合には前もってそれらの最大公約数で割っておく． □

命題 5.43 射影的代数多様体は完備である．

［証明］ R の斉次生成元を $x_0, x_1, \cdots, x_n$ とし，多項式環 $\widetilde{R}$ からの全射準同型写像
$$\widetilde{R} = k[X_0, X_1, \cdots, X_n] \longrightarrow R, \quad X_i \mapsto x_i$$
を考える．そして，これの核を $\mathfrak{a}$ とする．$\deg x_i = a_i$ とするとき，$\operatorname{Proj} R$ は荷重射影空間 $\mathbb{P}(a_0 : a_1 : \cdots : a_n)$ の $\mathfrak{a}$ で定義される閉部分多様体である．例 3.66 より，$\mathbb{P}(a_0 : a_1 : \cdots : a_n)$ が完備だから $\operatorname{Proj} R$ も完備である． ∎

系 5.44 超曲面のモジュライ
$$\operatorname{Proj} k[\cdots, \xi_I, \cdots]^{SL(n+1)}$$
は完備代数多様体である． □

2 変数 d 次古典不変式環 $R_{1,d} = \bigoplus_{e=0}^{\infty} k[\xi_0, \cdots, \xi_d]_e^{SL(2)}$ の場合を考えよう．

例 5.45

（1） $d = 2, 3$ のとき，古典不変式環は 1 変数多項式環でその Proj は 1 点である．

（2） $d = 4$ のとき，$R = k[\xi_0, \cdots, \xi_4]^{SL(2)}$ は 2 変数多項式環で荷重は 2, 3 である．よって，4 次斉次式のモジュライ $\operatorname{Proj} R$ は射影直線 $\mathbb{P}(2 : 3)$ である．（厳密にいうと異なるが，多様体としては $\mathbb{P}^1$ と同じである．） □

$\Phi(X) \in R_e$ は $\deg X_i = a_i$ なる荷重のもとで斉次な e 次既約多項式とする．このとき，剰余環 $R/(\Phi(X))$ は自然な次数をもつ整域である．これの Proj は零点集合
$$\{\Phi(X) = 0\} \subset \mathbb{P}(a_0 : a_1 : \cdots : a_n)$$

§5.4 安定超曲面のモジュライ —— 157

を下部集合とする．これを e 次荷重超曲面(weighted hypersurface of degree e)という．

例 5.46

（1） $d=5$ のとき，$R = k[\xi_0, \cdots, \xi_5]^{SL(2)}$ は

$$\deg X_0 = 4, \quad \deg X_1 = 8, \quad \deg X_2 = 12, \quad \deg X_3 = 18$$

なる荷重の 4 変数多項式環 $k[X_0, X_1, X_2, X_3]$ の次数 36 の斉次多項式の生成するイデアルによる剰余環である．よって 5 次斉次式のモジュライ $\mathrm{Proj}\, R$ は 3 次元荷重射影空間 $\mathbb{P}(2:4:6:9)$ の中の 18 次荷重超曲面である．

（2） $d=6$ のとき，$\mathrm{Proj}\, k[\xi_0, \cdots, \xi_6]^{SL(2)}$ は 4 次元荷重射影空間 $\mathbb{P}(2:4:6:10:15)$ の中の 30 次荷重超曲面である．

（3） $d=8$ のとき，$\mathrm{Proj}\, k[\xi_0, \cdots, \xi_8]^{SL(2)}$ は 8 次元荷重射影空間 $\mathbb{P}(2:3:4:5:6:7:8:9:10)$ の中で 5 個の Pfaff 行列式で定義される 5 次元閉部分多様体である． □

3 変数では不変式環の決定は次の場合ですら簡単でない．結果だけ述べる．

例 5.47 3 変数 3 次斉次式

$$f_a(x, y, z) \in V_{2,3} = \langle x^3, y^3, z^3, x^2y, y^2z, z^2x, xy^2, yz^2, zx^2, xyz \rangle$$

に対する古典不変式環

$$R = k[\xi_{300}, \xi_{030}, \xi_{003}, \xi_{210}, \xi_{021}, \xi_{102}, \xi_{120}, \xi_{012}, \xi_{201}, \xi_{111}]^{SL(3)}$$

は次数 4, 6 の二つの不変式 $G_4(\xi), G_6(\xi)$ の多項式環である（Aronhold [A50]，[Sa73]）．よって 3 次曲線のモジュライ $\mathrm{Proj}\, R$ は射影直線 $\mathbb{P}^1$ である． □

(b) 安定斉次式と半安定斉次式

以上で非特異超曲面のモジュライとそれのコンパクト化

$$\mathrm{Spm}\, k\left[\cdots, \xi_I, \cdots, \frac{1}{D(\xi)}\right]^{GL(n+1)} \subset \mathrm{Proj}\, k[\cdots, \xi_I, \cdots]^{SL(n+1)}$$

が構成された．このコンパクト化が何をパラメータ付けているかをみよう．
射影基本射

$$\Psi : V_{n,d}^{ss} \longrightarrow V_{n,d}^{ss} // GL(n+1) = \mathrm{Proj}\, R_{n,d}$$

は構成法と定理 5.9 より，全射である．また，$\mathrm{Proj}\, k[\cdots, \xi_I, \cdots]^{SL(n+1)}$ は

$\{F_i(\xi) \neq 0\}$ の商

$$\mathrm{Spm}\, k\left[\cdots, \xi_I, \cdots, \frac{1}{F_i(\xi)}\right]^{GL(n+1)}, \quad 1 \leqq i \leqq \kappa$$

の和集合であった．

補題 5.48 零でない斉次多項式 f_a に対して次は同値である．

（i） f_a は $V_{n,d}$ への $SL(n+1)$ の作用に関して安定である．すなわち，軌道 $SL(n+1)f_a \subset V_{n,d}$ が閉集合で安定化部分群 $\mathrm{Stab}(f_a) \subset SL(n+1)$ が有限である．

（ii） $f_a \in V_{n,d}$ の属するアフィン開集合 $\{F_i(\xi) \neq 0\}$ への $GL(n+1)$ の作用に関して安定である．

［証明］ 安定化部分群の有限性が(i)と(ii)で同値なことは明らかである．軌道の閉性が同値であることを示せばよい．(i)を仮定しよう．定理5.3 より $F(a) \neq 0$ なる古典不変式 $F(\xi)$ が存在する．これが定める射 $F : V \longrightarrow \mathbb{A}^1$ とこれの軌道への制限

$$\begin{array}{c} \{F(\xi) \neq 0\} \\ \cup \\ F' : GL(n+1)f_a \longrightarrow \mathbb{A}^1 - \{0\} \end{array}$$

を考えよう．F' は全射で一つのファイバーは

(5.4) $\qquad \omega^i SL(n+1)f_a, \quad 1 \leqq i \leqq N, \quad \omega^N = 1$

の疎な和集合である．ただし，N は不変式 $F(\xi)$ の多項式としての（総）次数である．仮定より各ファイバーは閉集合なので，軌道 $GL(n+1)f_a$ も閉集合である．逆に(ii)を仮定しよう．共通部分

$$GL(n+1)f_a \cap \{F_i(\xi) = F_i(a)\}$$

はやはり(5.4)の疎な和集合である．よって $SL(n+1)f_a$ は $V_{n,d}$ の閉集合である． ■

定義 5.49 (Mumford [M65])　零でない斉次多項式

$$f_a(x_0, x_1, \cdots, x_n) = \sum_{|I|=d} a_I x^I \in V_{n,d}$$

§5.4 安定超曲面のモジュライ

の定義する超曲面は f_a が上の同値な条件をみたすとき，**安定**(stable)という． □

例 5.50 定理 5.24 より，$f_a(x_0, x_1, \cdots, x_n) = 0$ が非特異(2 変数のときは重解をもたない)なら f_a は安定である． □

f_a と f_b が $GL(n+1)$ で移り合うとき，f_a が安定であることと f_b がそうであることは同値である．また，明らかに安定なら半安定である．命題 5.14 より，安定斉次多項式の全体 $V_{n,d}^s$ とその像は開集合である．よって定理 5.15 の系より，射影基本射 Ψ の $V_{n,d}^s$ への制限

$$V_{n,d}^s \longrightarrow \Psi(V_{n,d}^s)$$

を介して，$\Psi(V_{n,d}^s)$ は安定超曲面の射影同値類(同値類)をパラメータ付けている．これの像を安定超曲面のモジュライといい，$V_{n,d}^s/GL(n+1)$ で表す．以上をまとめると

$$\text{非特異} \Longrightarrow \text{安定} \Longrightarrow \text{半安定}$$

で，非特異や安定な超曲面には射影同値でモジュライが構成できた．そして，それらをコンパクト化するものとして半安定なものの閉包同値類のモジュライが構成できた．

$$\{D(\xi) \neq 0\}/GL(n+1) \stackrel{開}{\hookrightarrow} V_{n,d}^s/GL(n+1) \stackrel{開}{\hookrightarrow} V_{n,d}^{ss}//GL(n+1)$$

不変式環の構造を知らなくても概零形式は分類できることを後で示す．ここではその準備としてそれらが簡単に作れることを見ておこう．

命題 5.51 2 変数 d 次斉次式

$$f(x,y) = a_0 x^d + d a_1 x^{d-1} y + \cdots + d a_{d-1} x y^{d-1} + a_d y^d$$

は $f(x,y) = 0$ が $[d/2]+1$ 重解をもてば，不安定である．

[証明] $[d/2]+1$ 重解が $x=0$ となるように座標をとると

$$a_n = a_{n+1} = \cdots = a_d = 0, \quad n = \left[\frac{d+1}{2}\right]$$

である．よって，これに対角的な 1 パラメータ群

(5.5) $\qquad \phi: G_m \longrightarrow SL(2), \quad q \mapsto \begin{pmatrix} q & 0 \\ 0 & q^{-1} \end{pmatrix}$

を作用させると，極限 $\lim_{q \to 0} f(qx, q^{-1}y)$ は(存在して)零である．

変数が増えてもこの証明と同様に(対角的な)1パラメータ群

$$\phi_\lambda: G_m \longrightarrow SL(n+1), \quad q \mapsto \begin{pmatrix} q^{\lambda_0} & 0 & \cdots & 0 \\ 0 & q^{\lambda_1} & \cdots & 0 \\ \vdots & \vdots & \ddots & \vdots \\ 0 & 0 & \cdots & q^{\lambda_n} \end{pmatrix}$$

を使って,沢山の概零形式の例を見つけられる.ただし,$\lambda = (\lambda_0, \lambda_1, \cdots, \lambda_n)$ は $(n+1)$ 個の整数の組で $\sum_i \lambda_i = 0$ をみたすものである.$\phi_\lambda(q)$ は変数変換

$$\begin{cases} x_0 & \mapsto & q^{\lambda_0} x_0 \\ x_1 & \mapsto & q^{\lambda_1} x_1 \\ & \vdots & \\ x_n & \mapsto & q^{\lambda_n} x_n \end{cases}$$

を引き起こし,一般斉次式

$$f_\xi(x_0, x_1, \cdots, x_n) = \sum_{|I|=d} \xi_I x^I$$

を

$$f_\xi(q^{\lambda_0} x_0, q^{\lambda_1} x_1, \cdots, q^{\lambda_n} x_n) = \sum_{|I|=d} q^{(I,\lambda)} \xi_I x^I$$

に変換する.ただし,$(I, \lambda) = \sum_\nu i_\nu \lambda_\nu$ は λ に関する変数 ξ_I の重みである.ξ_I,$|I| = d$ の単項式 $M = \prod_I \xi_I^{c_I}$ の(λ に関する)重みを $\sum_I c_I (I, \lambda)$ で定める.このとき,上の命題と全く同様にして次が示せる.

命題 5.52 $\sum_i \lambda_i = 0$ なる λ を一つ固定する.重み $(I, \lambda) \leqq 0$ なる全ての単項式 x^I に対して,その係数 a_I が零ならば,斉次式 $f_a(x)$ は概零形式である. □

例えば,3変数3次の場合には次を得る.

命題 5.53 結節点以外の特異点をもつ平面3次曲線 C は不安定(概零形式)である.

[証明] 不安定性は射影座標のとり方によらないことに注意しよう.

主張 射影座標 $(x_0 : x_1 : x_2)$ をうまくとって,$f_3 \in kx_0 x_1^2 + (x_1, x_2)^3$ とできる.

§5.4 安定超曲面のモジュライ ——— 161

C の特異点 p の座標は $(1:0:0)$ としてよい．特異性より f_3 は単項式 $x_0^3, x_0^2 x_1, x_0^2 x_2$ を含まない．p が 3 重点の場合は，さらに $x_0 x_1^2, x_0 x_1 x_2, x_0 x_2^2$ も含まない．よって，$f_3 \in (x_1, x_2)^3$ である．p が 2 重点のときは，2 次斉次式 $q(x_1, x_2)$ と 3 次斉次式 $d(x_1, x_2)$ でもって
$$f_3(x_0, x_1, x_2) = x_0 q(x_1, x_2) + d(x_1, x_2), \quad q \not\equiv 0$$
と表されるが，p は結節点ではないので，$q(x_1, x_2) = 0$ は重解をもつ．射影座標を取り替えて，$q(x_1, x_2) = x_1^2$ としてよい．よって，$f_3 \in kx_0 x_1^2 + (x_1, x_2)^3$ である．

主張の f_3 に含まれる単項式 x^I の $\lambda = (3, -2, -1)$ に関する重みは次のように全て負である．

		×				9	
	×	×			4	5	
$x_0 x_1^2$	×	×		-1	0	1	
x_1^3	$x_1^2 x_2$	$x_1 x_2^2$	x_2^3	-6	-5	-4	-3

よって，命題 5.52 より C は不安定である． ∎

安定でない例も 1 パラメータ群を使って同様に作れる．

命題 5.54 2 変数 d 次斉次式
$$f(x, y) = a_0 x^d + da_1 x^{d-1} y + \cdots + da_{d-1} xy^{d-1} + a_d y^d$$
は $f(x, y) = 0$ が $[(d+1)/2]$ 重解をもてば安定でない．

[証明] $[d/2]+1$ 重解なら命題 5.51 より半安定でないので，$f_a(x, y) = 0$ がちょうど n 重解をもち $d = 2n$ の場合だけを考えればよい．$x = 0$ を n 重解としてもつように射影座標をとると
$$a_0 = a_1 = \cdots = a_{n-1} = 0, \quad a_n \neq 0$$
である．よって，1 パラメータ群 (5.5) を作用させて
$$\lim_{q \to 0} f(qx, q^{-1} y) = a_n x^n y^n$$
を得る．この 1 パラメータ群 (の像) が安定化部分群に含まれるので $a_n x^n y^n$ は安定でない．よって $a_n x^n y^n \in SL(2)f$ のときは，安定化部分群が正次元な

ので f は安定でない．$a_n x^n y^n \notin SL(2)f$ のときは，$SL(2)f$ が閉集合でないのでやはり安定でない． ∎

例 5.50 と合わせて次を得る．

系 5.55 4 次斉次式 $f(x,y)$ が安定であることと方程式 $f(x,y)=0$ が重解をもたないことは同値である． ∎

例 5.56 通常 2 重点をもつ既約平面 3 次曲線
$$y^2 = x^2(x+1)$$
を考えよう．射影座標で書くと
$$f(x,y,z) = y^2 z - x^2(x+z) = 0$$
である ($\S 1.4$)．$SL(3)$ の 1 パラメータ部分群 $\mathrm{diag}[q,q,q^{-2}]$ でもって f を変換したものは
$$f_q(x,y,z) = (qy)^2(q^{-2}z) - (qx)^2(qx+q^{-2}z) = y^2 z - q^3 x^3 - x^2 z$$
である．ここで $q \to 0$ の極限をとることにより，
$$f_0(x,y,z) = y^2 z - x^2 z = (y-x)(y+x)z$$
を得る．これは 3 直線の和である (図 5.2)．f_0 は軌道 $SL(3)f$ には入らないが，その閉包 $\overline{SL(3)f}$ には属する．よって f は安定でない． ∎

上の命題と全く同様にして次が示せる．

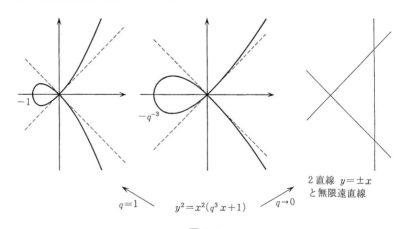

図 5.2

命題 5.57 自明でない1パラメータ群 λ を一つ固定する．重み $(I, \lambda) < 0$ なる全ての単項式 x^I に対して，その係数 a_I が零ならば，斉次式 $f_a(x)$ は安定でない． □

《要 約》

5.1 線型簡約な代数群 G のアフィン代数多様体 $X = \mathrm{Spm}\, R$ への作用に対して，$R^G \subset R$ の導く支配射 $\Phi: X \longrightarrow X//G := \mathrm{Spm}\, R^G$ をアフィン基本射という．これは全射で，この射を介して閉 G 軌道と $X//G$ の点が1対1に対応する．X の点は G と同じ次元の閉 G 軌道に含まれるとき安定であるという．安定な点の全体は開集合をなし，アフィン基本射のここへの制限は幾何学的商になっている．

5.2 非特異超曲面の定義式の全体 X はアフィン代数多様体で，そこへの $GL(n)$ の作用はいたるところ安定である．よって，$X//G$ は非特異超曲面をパラメータ付ける代数多様体で商関手の粗モジュライでもある．

5.3, 5.4 古典不変式環 R は自然に次数付けられているが，それに付随した射影的代数多様体 $\mathrm{Proj}\, R$ ができるだけたくさんの超曲面をパラメータ付ける（分離的）代数多様体である．$\mathrm{Proj}\, R$ は完備で，安定超曲面の粗モジュライを開集合として含む．

———— 演習問題 ————

5.1 各 n, d に対して非特異な d 次超曲面 $f(x_0, x_1, \cdots, x_n) = 0$ の例を挙げよ．

5.2 各 n, d に対して特異点がちょうど1点である d 次超曲面 $f(x_0, x_1, \cdots, x_n) = 0$ の例を挙げよ．

5.3 荷重射影空間 $\mathbb{P}(a_0 : a_1 : \cdots : a_n)$ が完備であることを，命題 3.54 と同様の方法で直接証明せよ．

参考文献

[H90] Hilbert, D., Über die Theorie der algebraischen Formen, *Math. Annalen*, **36**(1890), 473–534.

[H93] Hilbert, D., Über die vollen Invariantensysteme, *Math. Annalen*, **42**(1893), 313–373.

[M65] Mumford, D., Forgaty, J. and Kirwan, F., *Geometric Invariant Theory*, 1st ed. 1965, 3rd ed. 1994, Springer-Verlag.

[N58] Nagata, M., On the fourteenth problem of Hilbert, *International Congress of Mathematics*, Edinburgh, 1958.

[N59] Nagata, M., On the 14-th problem of Hilbert, *Amer. J. Math.*, **81**(1959), 766–722.

[N62] Nagata, M., Note on orbit spaces, *Osaka Math. J.* **14**(1962), 21–31.

[Sp77] Springer, T. A., *Invariant Theory*, Lecture Notes in Math., **585**, Springer-Verlag, 1977.

文献追記

[AM69] Atiyah, M. F. and Macdonald, I. G., 新妻 弘(訳), 可換代数入門(第11章), 共立出版, 2006.

[A50] Aronhold, S., Zur Theorie der homogenen Funktionen dritten Grades von drei Variablen, *Crelle J.* **39**(1850), 140–159.

[BE77] Buchsbaum, D. A. and Eisenbud, D., Algebra structures for finite free resolutions, and some structure theorems for ideals of codimension 3, *Amer. J. Math.* **99**(1977), 447–485.

[J80] Jordan, C., Mémoire sur l'equivalence des formes, J. École Polytechnique **48**(1880), 112–150.

[MM64] Matsumura, H. and Monsky, P., On the automorphisms of hypersurfaces, *J. Math. Kyoto Univ.* **3**(1964), 347–361.

[Sa73] Salmon, G., *Higher Plane Curves* (Chap. V), Cambridge University Press 1873.

[Sh67] Shioda. T., On the graded ring of invariants of binary octics, *Amer. J. Math.* **89**(1967), 1022–1046.

演習問題解答

第1章

1.1 $w=E(v)$ なら $E(w)=w$ であることに注意する。E の像の次元を n、基底を $\{w_1,\cdots,w_n\}$ とし、それを V の基底に拡張したものを $\{w_1,\cdots,w_n,v_1,\cdots,v_m\}$ とする。この基底を使って計算することにより、$\mathrm{Trace}\,E=n$ を得る。

1.3 (2)
$$\Lambda := \frac{(\lambda^2-\lambda+1)^3}{\lambda^2(\lambda-1)^2}$$
が六つの1次分数変換 G で不変なこと、すなわち、$\mathbb{C}(\Lambda)\subset\mathbb{C}(\lambda)^G$ は計算より容易にわかる。λ は $\mathbb{C}(\Lambda)$ 上の6次方程式
$$(\lambda^2-\lambda+1)^3 - \Lambda\lambda^2(\lambda-1)^2 = 0$$
の解である。よって、$[\mathbb{C}(\lambda):\mathbb{C}(\Lambda)]\leqq 6$。一方、Galois 理論により、$[\mathbb{C}(\lambda):\mathbb{C}(\lambda)^G]=|G|=6$。よって、$\mathbb{C}(\Lambda)$ と $\mathbb{C}(\lambda)^G$ は一致する。

第2章

2.1 $3=(a+b\sqrt{-5})(c+d\sqrt{-5})$ なら、両辺の絶対値をとって $9=(a^2+5b^2)(c^2+5d^2)$ を得る。よって、整数解は $(a,b)=(\pm 3,0),(\pm 1,0)$ しかない。よって、3 は問題の環の既約元である。しかし、6 は 3 で割り切れるのに、$1\pm\sqrt{-5}$ は 3 で割り切れない。よって、3 は素元ではない。

2.2 零でない二つの多項式を
$$f(x) = a_0x^n+a_1x^{n-1}+\cdots+a_n,\ a_0\neq 0$$
$$g(x) = b_0x^m+b_1x^{m-1}+\cdots+b_m,\ b_0\neq 0$$
と表す。積 $f(x)g(x)$ の最高次項は $a_0b_0x^{m+n}$ である。係数環は整域だから $a_0b_0\neq 0$、よって、$f(x)g(x)\neq 0$ である。

2.3 $(1-ax)f(x)=1$ をみたす多項式 $f(x)$ が存在する。
$$f(x) = c_0+c_1x+\cdots+c_nx^n$$
とおいて、$f(x)=1+axf(x)$ の両辺の係数を比較することにより

$$c_0 = 1, \quad c_1 = ac_0, \quad c_2 = ac_1, \quad \cdots, \quad c_n = ac_{n-1}, \quad 0 = ac_n$$
を得る．よって，$a^{n+1}=0$ である．

2.4 有限整域 R の零でない元を x とする．$1, x, \cdots, x^n, \cdots$ の中に必ず重複 $x^r = x^s$, $r<s$ が現われる．このとき，x^{s-r-1} が x の逆元である．

2.5 R の零でない元を x とする．n が充分大きいとき，$1, x, \cdots, x^n$ は線型従属である．よって，
$$a_0 x^n + a_1 x^{n-1} + \cdots + a_n = 0$$
をみたす $a_0 \neq 0$, $a_1, \cdots, a_n \in k$ が存在する．必要なら x で割れるだけ割って，$a_n \neq 0$ とできる．よって，$-(a_0 x^{n-1} + a_1 x^{n-2} + \cdots + a_{n-1})/a_n$ が x の逆元である．

2.6 素数が無限個存在するという Euclid の証明を真似ればよい．

2.7 演習問題 2.2 と同様である．最高次の係数のかわりに最低次の係数に着目せよ．

2.9 R は付値環，$\mathfrak{m}$ はその極大イデアル，$v: K \longrightarrow \Lambda$ は商体 K の付値とする．K の部分環 S とその(真の)イデアル $\mathfrak{n}$ の対が $(R, \mathfrak{m})$ を支配するとしよう．$x \in S$ で $v(x)<0$ とすると $1/x \in \mathfrak{m} \subset \mathfrak{n}$ で $\mathfrak{n}=S$ となって矛盾する．よって，$x \in S$ なら $v(x) \geqq 0$ である．すなわち，S は R と一致する．

第3章

3.1 $\mathbb{R}^n$ の座標を $(x_1, \cdots, x_n)$ とする．このとき，$\mathbb{R}^n$ は二つの閉領域 $x_1 \geqq 0$ と $x_1 \leqq 0$ の和集合である．よって，可約である．また，$Z_h = \{x_1 \geqq h\}$ と定めるとき，$Z_1 \supset Z_2 \supset \cdots \supset Z_h \supset \cdots$ は無限減少列である．よって，Noether 的でもない．

3.4 2 と 3 は互いに素なので，$\operatorname{Spm} R$ は二つの開集合 $\operatorname{Spm} R[1/2]$ と $\operatorname{Spm} R[1/3]$ の和集合である．
$$R\left[\frac{1}{2}\right] = \mathbb{Z}\left[\sqrt{-5}, \frac{1+\sqrt{-5}}{2}, \frac{1}{2}\right] = S\left[\frac{1}{2}\right]$$
$$R\left[\frac{1}{3}\right] = \mathbb{Z}\left[\sqrt{-5}, \frac{3}{1-\sqrt{-5}}, \frac{1}{3}\right] = S\left[\frac{1}{1-\sqrt{-5}}\right]$$
であるから，$\operatorname{Spm} R[1/2]$ と $\operatorname{Spm} R[1/3]$ はともに $\operatorname{Spm} S$ の開集合である．

3.6 点 $(1,0)$ と点 $(0,1)$ の ϕ による軌道はそれぞれ
$$A = \{(2^{-n}, 0) \mid n \in \mathbb{Z}\}, \quad B = \{(0, 2^{-n}) \mid n \in \mathbb{Z}\}$$
である．A を含む開集合と B を含む開集合は常に共通点をもつ．よって，商位

相空間は Hausdorff 的でない．

第4章

4.1
$$DD'(ab) = aDD'(b) + D(a)D'(b) + D'(a)D(b) + DD'(a)b$$
$$D'D(ab) = aD'D(b) + D'(a)D(b) + D(a)D'(b) + D'D(a)b$$
の差をとればよい．

4.2 (i) $\Longrightarrow$ (ii) は代数群の結合律(定義 3.41 の(i))より従う．D_α と $R \longrightarrow R/\mathfrak{m}$ の合成が α であることより (ii) $\Longrightarrow$ (i) が従う．

4.3 演習問題 4.1 と 4.2 より従う．

4.6 $\mathrm{Hom}_k(V, W) \longrightarrow \mathrm{Hom}_k(W, W)$ は G 表現の全射である．よって，G の線型簡約性と前問より，$\mathrm{Hom}_G(V, W) \longrightarrow \mathrm{Hom}_G(W, W)$ も全射である．よって，G 表現の準同型写像 $f: V \longrightarrow W$ でもって $f|_W$ が恒等写像になるものが存在する．V は G 表現として W と $\mathrm{Ker}\, f$ の直和である．

4.8 全ての k 値点 $g \in G(k)$ に対して $\mu(v) - v \otimes 1$ は $V \otimes \mathfrak{m}_g$ に属する．Hilbert の零点定理(定理 2.27)より
$$\mu(v) - v \otimes 1 \in \bigcap_g V \otimes \mathfrak{m}_g = V \otimes \bigcap_g \mathfrak{m}_g = 0.$$
よって，v は定義 4.5 の意味で G 不変である．

第5章

5.1 Fermat 型超曲面 $x_0^d + x_1^d + \cdots + x_n^d = 0$．

5.2 超曲面 $x_1^d + \cdots + x_n^d = 0$ の特異点は 1 点 $(1:0:\cdots:0)$ だけである．

5.3 荷重射影空間 $\mathbb{P}(a_0 : a_1 : \cdots : a_n)$ は $(n+1)$ 個のアフィン代数多様体
$$V_i = \mathrm{Spm}\left\{\left.\frac{F(x)}{x_i^m}\,\right|\, \deg F(x) = ma_i\right\}, \quad 0 \leqq i \leqq n$$
の貼り合わせで，アフィン空間 $\mathbb{A}^{n+1}$ から原点を除いた開集合からの自然な全射がある．よって，通常の射影空間と同様に斉次座標が考えられる．付値環 R の商体 K に値をもつ点 p の斉次座標を $(y_0, \cdots, y_n)$，$y_i \in K$，とし，各座標の付値を重みで割った値 $v(y_0)/a_0, \cdots, v(y_n)/a_n$ の最小値を $v(y_i)/a_i$ とする．このとき，p は V_i の R 値点である．

欧文索引

adjoint representation 110
affine algebraic group 88
affine algebraic variety 76
affine hypersurface 72
affine space 72
algebraic group 88
algebraic variety 81
character 105, 122
closed immersion 77
complete 91
complete reducibility 136
convolution 108
corse moduli 87
derivation 106
diagonal 78
discrete valuation ring 56
discriminant 18, 147
distribution algebra 109
dominant 79
dominate 57
fan 94
fine moduli 87
functor 85
functorial morphism 86
geometric quotient 144
geometric reductivity 134
graded ring 60
infinitesimal neighborhood 78
integral 51
integral domain 48
invariant ring 8
invertible element 48

irreducible 74
irreducible element 48
lattice 35
linearly reductive 112
local distribution 107
morphism 77
multiplicity 28
natural transformation 86
nilradical 73
Nullform 153
open immersion 80
power series ring 54
primary 78
prime element 48
primitive 49
Proj 152
projective 155
rational 94
reducible 75
reduction 54
representable 87
representation 101
resultant 17
semi-stable 153
separated 82
singular point 27
specialization map 54
stable 143, 159
structure sheaf 76
unique factorization domain 49
unstable 153
valuation 55

valuation ring   55
weighted hypersurface   157

weighted projective space   99

和文索引

Casimir 元   111, 121
Casimir 作用素   111
Cayley–Sylvester の個数公式   127
Eisenstein 級数   36
G 不変   102
Gauss の補題   49
Hermite の相互律   127
Hesse 行列式   16, 19
Jacobi 行列式   16
Kepler の原理   5
Lie 環   135
Lie 空間   108
Liouville の定理   38
Molien の公式   11
Noether 環   47
Noether 的(位相空間)   74
Poincaré 級数   10
q 類似   125
q-Poincaré 級数   124
R 値点   85
Weierstrass の $\wp$ 関数   37
Weyl 測度   124
Zariski 位相   70, 74
Zariski 接空間   107

ア 行

アフィン基本射   142
アフィン空間   72
アフィン代数群   88
アフィン代数多様体   72, 76

アフィン超曲面   72
アフィン平面曲線   72
安定   143, 159
一意分解整域   49
(1 次元)指標   105
一般線型代数群   90
イデアル   45
扇   94
重み   103
重みシフト   121

カ 行

開埋め込み   80
概零形式   153
可逆元   48
荷重射影空間   99, 156
荷重超曲面   157
加法群   89
可約(位相空間)   75
簡易層   71
還元   54
関手   85
完全可約性   136
完備(代数多様体)   91
幾何学的商   144
幾何的簡約性   134
基定理(Hilbert)   45
基本開集合   70
既約(位相空間)   74
既約元   48

局所超関数　107
局所的　80
極大イデアル　52
近似定理　97
群環　89
形式的ベキ級数環　54
形式的ベキ級数体　54
結合積　108
原始的(多項式)　49
格子　35
構造層　76
古典不変式　20, 146

　　　サ 行

最高次項原理　47
最良近似　87
次元公式　11, 122
次数付き環　60
自然変換　86
支配　57
支配的(射)　79
指標　11, 122
射　77
射影基本射　154
射影空間　84
射影的(代数多様体)　155
射影同値　32
周期写像　41
終結式　17, 92
準素(環)　78
乗法群　89
随伴表現　110
スペクトル　73
整　51
整域　48
斉重元　103

正多面体群　13
精密モジュライ　87
線型簡約(代数群)　112
尖点　28
素イデアル　48
素元　48
粗モジュライ　87

　　　タ 行

退化　42
対角線(部分多様体)　78
代数群　88
代数多様体　81
単純(貼り合わせ)　82
単純特異点　28
超関数代数　109
重複度　28
通常2重点　28
特異点　27
特殊化写像　54
特殊線型代数群　90
トーリック多様体　95

　　　ナ 行

2重周期関数　38

　　　ハ 行

貼り合わせ　82
半安定　153
反転固有多項式　11
半不変元　105
判別式　18, 147
非退化凸錐　94
非特異　27, 147
微分　106
表現　101

表現可能　　87
不安定　　153
付値　　55
付値環　　55
付値群　　55
付値判定法　　92
部分表現　　102
不変式　　9
不変式環　　8
分離的（代数多様体）　　82
閉埋め込み　　77
閉写像　　91
閉包同値　　139
ベキ零　　53
ベキ零根基　　73
変曲点　　41

保型関数　　37

マ 行

無限小近傍　　78
モデル　　81

ヤ 行

有理的（凸多角錐）　　94
有理2重点　　4, 15, 17
余積　　88
余単位　　88

ラ 行

離散的付値環　　56
離心率　　6
零点定理（Hilbert）　　73

■岩波オンデマンドブックス■

モジュライ理論 I

2008年12月5日　第1刷発行
2013年6月19日　第2刷発行
2019年1月10日　オンデマンド版発行

著　者　　向井　茂

発行者　　岡本　厚

発行所　　株式会社　岩波書店
　　　　　〒101-8002　東京都千代田区一ツ橋2-5-5
　　　　　電話案内　03-5210-4000
　　　　　http://www.iwanami.co.jp/

印刷／製本・法令印刷

© Shigeru Mukai 2019
ISBN 978-4-00-730842-0　　Printed in Japan